中学入試

# 分野別

\ 集中レッスン /

算数 場合の数

粟根秀史[著]

文英堂

　小学校で習う算数の中でも，4年生から6年生の間に身につけておきたい内容，簡単な受験算数のコツを短期間で学習できるように作りました。

　「短期間で，お気軽に，でもちゃんと力はつく」という方針で，次のような内容にしています。この本で勉強し，2週間でレベルアップしましょう。

## 1. 受験算数のコツが2週間で身につく

　1日4〜6ページの学習で，受験算数の考え方，解き方を身につけることができます。4日ごとに復習のページ，最後の2日は入試問題をのせていますので，復習と受験対策もふくめて2週間で終えられるようにしています。

## 2. 例題・ポイントで確認，練習問題で定着

　例題，ポイント，練習問題の順にのせています。例題とポイントで学習内容を確認し，書きこみ式の練習問題で定着させることができます。

## 3. ドリルとはひと味ちがう例題とポイント

　正しい解法を身につけられるように，例題の解答は，かなりていねいに書いています。また，例題の後には，見直すときに便利なポイントを簡単にまとめています。

　例題とポイントで内容をしっかり確認してから問題に取り組めるようになっていますので，短期間で力をつけることができます。

# も く じ

## 例題 1-❶

　⓪, ①, ②, ③ の 4 枚のカードから 3 枚のカードを並べて 3 けたの整数をつくります。このときできる 3 けたの整数をすべて答えなさい。

 **解き方と答え**

　小さい順に，ていねいに書き出していきます。

　百の位には⓪を並べることはできませんから，つくることができる最も小さい数は，102 になります。この 102 に続けて，小さい順に 1 つずつ書き出していきます。

( ①　百の位が 1 である 3 けたの整数を書き出す )
　同じ数字をくり返し使わないように，百の位が 1 である 3 けたの整数を，小さいものから順に書き出します。

( ②　百の位が 2 である 3 けたの整数を書き出す )
　①で書き出した整数の横に，百の位が 2 である 3 けたの整数を，小さいものから順に書き出します。

( ③　百の位が 3 である 3 けたの整数を書き出す )
　同じようにして，百の位が 3 である 3 けたの整数を，小さいものから順に書き出します。

| 102 | 201 | 301 |
| 103 | 203 | 302 |
| 120 | 210 | 310 |
| 123 | 213 | 312 |
| 130 | 230 | 320 |
| 132 | 231 | 321 | …答 |

**ポイント**
　小さい順，大きい順，アイウエオ順，アルファベット順など順番をきちんと決めて書き出していこう！

**練習問題 1-❶**

**1** $\boxed{1}$, $\boxed{3}$, $\boxed{5}$, $\boxed{7}$ の 4 枚のカードから 2 枚のカードを並べて 2 けたの整数をつくります。このとき，2 けたの整数は全部で何通りできますか。すべて書き出して求めなさい。

**2** 百の位，十の位，一の位の数の和が 6 になる 3 けたの整数は全部で何個ありますか。すべて書き出して求めなさい。

## 例題 1-❷

1, 1, 1, 2, 3 の 5 枚のカードから 3 枚のカードを並べて 3 けたの整数をつくります。3 けたの整数は，全部で何通りできますか。

---

### 解き方と答え

例題 1-❶と同じようにして，小さい順に書き出すと，右のように

$$7+3+3=13（通り）$$

の整数ができます。

| 111 | 211 | 311 |
|-----|-----|-----|
| 112 | 213 | 312 |
| 113 | 231 | 321 |
| 121 |     |     |
| 123 |     |     |
| 131 |     |     |
| 132 |     |     |

このようにていねいに書き出すことも大切ですが，右の図のような樹形図 を使うと，何回も同じ数字を書く必要がなく順序正しく数えることができます。

> ☆ 樹形図とは，起こりうるすべての場合を，枝分かれする樹木状にかいた図のことです。

右の樹形図より，できる 3 けたの整数は全部で

$$7+3+3=\textbf{13}（通り）\quad \cdots 答$$

とわかります。

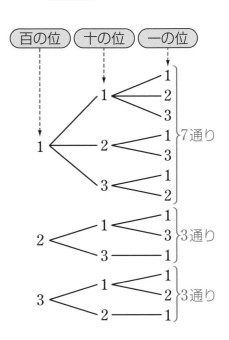

---

ポイント

**樹形図を使って，もれなく，重なりなく，順序正しく数えよう！**

**練習問題 1-❷**

**1** A, B, C, Dの4つの文字から異なる3つを取り出して，横1列に並べます。並べ方は何通りありますか。樹形図をかいて求めなさい。

**2** ⓪, ①, ②, ③, ③の5枚のカードから3枚のカードを並べて3けたの整数をつくります。3けたの整数は，全部で何通りできますか。樹形図をかいて求めなさい。

## 例題2-❶

　右の図のように，A町からB町まで行く道が3本，B町からC町まで行く道が4本あります。A町からC町まで行く道順は何通りありますか。

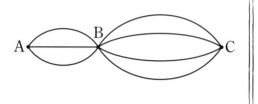

 解き方と答え

　図1のように，道に記号をつけて，A町からC町までの道順を樹形図にかくと図2のようになります。

図1

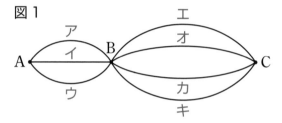

図2

　A町からB町までをアの道を通って行く場合，B町からC町までは，エ，オ，カ，キの4本の道があります。同じようにして，A町からB町までをイ，ウの道を通る場合も，B町からC町までは，それぞれエ，オ，カ，キの4本の道があります。

　したがって，A町からC町まで行く道順は，全部で

　　　4×3＝12（通り）

このことから，AからBまで3通り，BからCまで4通りあるときの道順は

　　　3×4＝**12**（通り）　…㊋

という計算で求められることがわかります。

## ポイント

A→Bが○通り，B→Cが△通りあるとき，

A→B→Cは　○×△通り

## 練習問題 2-❶

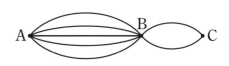

**1** 右の図は，A町，B町，C町を結ぶ道を
かいたものです。A町からC町まで行く道
順は，全部で何通りありますか。

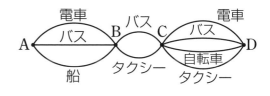

**2** 右の図は，A町からB町，C町を通っ
て，D町まで行く交通手段を表してい
ます。これについて，次の問いに答え
なさい。

(1) A町からD町まで行く方法は，全部で何通りありますか。

(2) A町からD町まで電車を1回だけ使って行く方法は，全部で何通りありま
すか。

## 例題2-❷

赤，青，黄の3色を使って，右の図のA，B，Cの3つの部分に色をぬります。ただし，となり合う部分が同じ色にならないようにぬり分けます。このとき，次の問いに答えなさい。

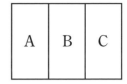

(1) 3色すべてを使ってぬり分ける方法は何通りありますか。

(2) 3色のうち，2色を使ってぬり分ける方法は何通りありますか。

### 解き方と答え

(1) 樹形図をかいて調べると，右の図1のようになりますから，答えは6通りです。これも例題2-❶と同じように考えると，計算で求めることができます。樹形図をよく見ると次のようなしくみになっていることがわかります。

① まずAを何色にするかで3つに分かれる
   （赤，青，黄の3通り）

② 次にBを何色にするかで枝分かれする
   （Aで使った色以外の2通り）

③ 最後にCを何色にするかで枝分かれする
   （AとBで使った色以外の1通り）

したがって，3色すべてを使ってぬり分ける方法は
全部で　3×2×1＝**6（通り）**　…㊐

図1

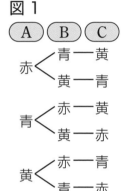

(2) 2色だけでぬり分けるには，右の図2のようにAとCを同じ色にする必要があります。AとCに使える色が赤，青，黄の3通り，　そのそれぞれに対して，Bに使える色がAとCに使った色以外の2通り　ですから，2色だけでぬり分ける方法は　3×2＝**6（通り）**　…㊐

図2　同じ色

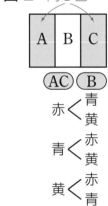

**ぬり分ける部分の数が使える色の数よりも多い場合は，同じ色になる部分があることに注意しよう！**

解答➡別冊4ページ

**練習問題 2-❷**

**1** 右の図のA，B，C，Dを赤，青，黄の3色を使ってぬり分けます。となり合ったところは同じ色でぬらないものとすると，ぬり分け方は全部で何通りありますか。

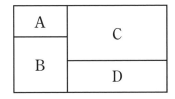

**2**
日目

計算で求める

**2** 右の図のようなA, B, C, Dの4つの場所を赤，青，黄，白の4色でぬり分けます。となり合ったところは同じ色にならないようにします。このとき，次の問いに答えなさい。

(1) 4色すべてを使ってぬり分ける方法は何通りありますか。

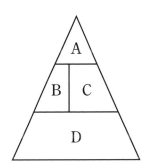

(2) 4色のうち3色を使ってぬり分ける方法は何通りありますか。

## 例題3-①

　⓪，①，②，③の4枚のカードから3枚のカードを並べて3けたの整数をつくります。3けたの整数は全部で何通りできますか。

　**解き方と答え**

　樹形図を使ってすべてかき出すと，以下のように18通りできることがわかります。

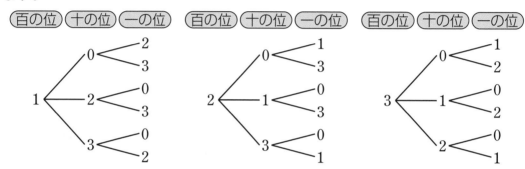

　これも10ページ例題2-❷と同じように考えると，計算で求めることができます。上の樹形図をよく見ると，下のようなしくみになっていることがわかります。

① 　まず百の位を何にするかで3つに分かれる
　　（百の位を0にすることができないから，1，2，3の3通り）
② 　次に十の位を何にするかで枝分かれする
　　（百の位で使った数字以外の3通り）
③ 　最後に一の位を何にするかで枝分かれする
　　（百の位と十の位で使った数字以外の2通り）

したがって，できる3けたの整数は，全部で

　　$3 \times 3 \times 2 = 18$（通り）　…答

**ポイント**

すべて異なる数字　のカードから，3枚並べて3けたの整数をつくる
⇨「百の位（0は使えない！）→十の位→一の位」の順に使えるカードの枚数を考えて，かけ算の式で求めよう！

**練習問題 3-❶**

**1** ①, ②, ③, ④の 4 枚のカードを並べて 4 けたの整数をつくります。4 けたの整数は全部で何通りできますか。

**2** 0, 1, 2, 3 の数字がそれぞれ 1 つずつ書かれた 4 枚のカードから, 3 枚取り出して 3 けたの整数をつくります。偶数は何通りできますか。

## 例題3-❷

□1，□2，□3，□4，□5 の 5 枚のカードから 3 枚を取り出して並べ，3 けたの整数をつくります。次の問いに答えなさい。

(1) 小さい方から数えて 16 番目の整数を求めなさい。

(2) 432 は小さい方から数えて何番目ですか。

### 解き方と答え

(1) 百の位が 1 になる 3 けたの整数は

$$4 \times 3 = 12（個）$$

できますから，小さい方から 16 番目の整数は，
百の位が 2 になる 3 けたの整数で

$$16 - 12 = 4（番目）$$

に小さい整数です。百の位が 2 になる 3 けたの整数を小さい方から順に書くと

百の位　十の位　一の位

1　□　□

1以外の4通り

1と十の位で使った数字以外の3通り

213，214，215，231，… ←書き出してさがす

となりますから，求める整数は **231** です。…答

(2) 百の位が 2 になる 3 けたの整数，百の位が 3 になる 3 けたの整数の個数も，(1)と同じようにして 12 個ずつになります。
百の位が 4 になる 3 けたの整数で，
十の位が 1 のものは 3 個
十の位が 2 のものは 3 個
このあと，431，432，… ←書き出してさがす
と続いていきますから，
432 は小さい方から数えて

$$12 \times 3 + 3 \times 2 + 2 = 44（番目）\quad …答$$

になります。

| | |
|---|---|
| 1□□→ | 4 × 3 = 12（個） |
| 2□□→ | 4 × 3 = 12（個） |
| 3□□→ | 4 × 3 = 12（個） |
| 4 1□→ | 3 個 |
| 4 2□→ | 3 個 |
| 4 3 1<br>4 3 2 | 2 個 |

**ポイント**

「～番目の数を求める」または「～番目かを求める」問題
⇨はじめは大きくとばして計算し，少しずつ近づけていき，最後は書き出して求めよう！

## 練習問題 3-❷

**1** ①，②，③，④の 4 枚のカードから 3 枚を取り出して並べ，3 けたの整数をつくります。231 は小さい方から数えて何番目ですか。

**2** ⓪，①，②，③，④，⑤の 6 枚のカードから 3 枚を取り出して並べ，3 けたの整数をつくります。小さい方から数えて 50 番目の整数を求めなさい。

**1** ①, ②, ③の３枚のカードを並べて３けたの整数をつくります。全部で何通りできますか。すべて書き出して求めなさい。

**2** ⓪, ①, ①, ②の４枚のカードから３枚のカードを並べて３けたの整数をつくります。３けたの整数は，全部で何通りできますか。すべて書き出して求めなさい。

**3** ２, ３, ４, ４, ５の５つの数字から３つを取り出して，３けたの整数をつくるとき，400 より大きい整数は，全部で何通りできますか。樹形図をかいて求めなさい。

**4** A市とB市とC市の間には，右のような交通機関（きかん）があります。これについて，次の問いに答えなさい。

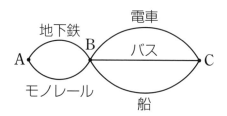

(1) これらの乗り物を使って，A市からB市を通ってC市まで行く方法は全部で何通りありますか。

(2) これらの乗り物を使って，A市からB市を通ってC市まで行き，またB市を通ってA市までもどることにします。帰るとき，行きに乗った乗り物を使わない往復（おうふく）の方法は，全部で何通りありますか。

**5** 右の図のように区切った部分を，赤，青，緑の3色でぬり分けます。同じ色がとなり合わないようにするには，何通りのぬり方がありますか。ただし，使わない色があってもよいものとします。

**6** 図のア～エの部分に青，黄，赤の3色を全部使ってぬる方法は何通りありますか。ただし，となり合う部分にはちがう色をぬることとします。

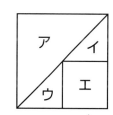

**7** ⓪，③，⑥，⑨のカードを並べて4けたの整数をつくるとき，全部で何通りできますか。

**8** 1，2，3，4，5の5個の数字の中から，異なる3個を選んで3けたの数をつくるとき，5でわり切れる整数は何通りできますか。

**9** 3けたの整数のうち，一の位，十の位，百の位の数字がすべて異なる奇数である整数は全部で何個ありますか。

**10** ⓪, ①, ②, ③, ③ の 5 枚のカードから，1 枚ずつ 3 枚のカードを取り出し，取り出した順に左から並べて 3 けたの整数をつくります。このとき，その数が奇数になるのは何通りありますか。

**11** 1 から 6 までの 6 つの整数を使って 3 けたの整数をつくるとき，452 より大きいものは全部で何個ありますか。

**12** ⓪ から ⑤ までの 6 枚のカードの中から 4 枚を選んで 4 けたの整数をつくります。つくることのできる 4 けたの整数を小さい順に並べたとき，100 番目の整数はいくつですか。

## 例題5-❶

　父，母，兄，私，妹の5人が横1列に並びます。両はしが両親になる並び方は，全部で何通りありますか。

 **解き方と答え**

　右の図1のように，5人が並ぶ位置に㋐〜㋔の記号をつけます。

図1　㋐　㋑　㋒　㋓　㋔

まず両はし（㋐と㋔の位置）の並び方から決めていくと，　　図2のように

「父が㋐，母が㋔」

「母が㋐，父が㋔」

の2通りが考えられます。

図2

父　㋑　㋒　㋓　母

母　㋑　㋒　㋓　父

次に㋑，㋒，㋓の位置の並び方を決めていきます。

㋑には，兄，私，妹の3人のうちだれにするかで3通り

㋒には，㋑に並んだ人をのぞく2通り

㋓には，㋑，㋒に並んだ人をのぞく1通り

よって，㋑，㋒，㋓の位置の並び方は

　　　3×2×1＝6（通り）

になります（図3 参照）。

したがって，両親の並び方が2通りに対して，子どもの並び方がそれぞれ6通りずつあります　　から，5人の並び方は全部で

　　　2×6＝**12（通り）**　…㈎

図3

㋑　㋒　㋓

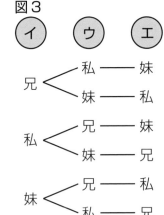

**ポイント**
　特別な位置の並び方を先に決めて，残りの位置の並び方を考えよう！

練習問題 5-❶

1 男子のたかしさん，まさきさん，女子のゆうこさん，はるこさんの 4 人が運動会のリレーの順番を決めます。男子が最後に走るとき，4 人のリレーの順番は全部で何通りありますか。

2 男子のともきさん，あきらさん，たけしさん，女子のけいこさん，ひろこさんの 5 人が横 1 列に並びます。両はしが男子になる並び方は，全部で何通りありますか。

5
日目

人の並び方

## 例題5-❷

男子3人，女子2人の合わせて5人が横1列に並びます。次の問いに答えなさい。
(1) 男女交互に並ぶ並び方は何通りありますか。
(2) 女子2人がとなり合って並ぶ並び方は何通りありますか。

### 解き方と答え

男子3人をA，B，C，女子2人をD，Eとします。

(1) 男子が並ぶ位置を□，女子が並ぶ位置を○で表すと，下の図のようになります。

　　　　□○□○□

まず男子の並び方が何通りあるかを考えます。

左はしの□にはA，B，Cの3通り，そのそれぞれに対して真ん中の□には左はしの□に並んだ男子以外の2通り，右はしの□には残りの男子の1通りが考えられますから，男子の並び方は

　　　　$3 \times 2 \times 1 = 6$(通り)

次に女子の並び方が何通りあるかを男子のときと同様にして計算すると

　　　　$2 \times 1 = 2$(通り)

したがって，男女交互に並ぶ並び方は全部で

　　　　$6 \times 2 = 12$(通り)　…答

(2) 女子2人をひとまとまりと考えて A，B，C，$\boxed{\text{DE}}$ の並べ方を計算すると(4人を並べる並べ方と等しくなりますから)

　　　　$4 \times 3 \times 2 \times 1 = 24$(通り)

になります。

ただし，女子2人がとなり合って並ぶとき，「Dが左でEが右」「Eが左でDが右」の2通りの場合が考えられますから，女子2人がとなり合って並ぶときの5人の並び方は，全部で

　　　　$24 \times 2 = 48$(通り)　…答

### ポイント

・**男女交互に並ぶ⇨全体の並び方=男子の並び方×女子の並び方**
・**女子2人がとなり合って並ぶ⇨女子2人をひとまとまりにして考える**

## 練習問題 5-❷

**1** 男子3人，女子4人の合わせて7人が横1列に並びます。
男女交互に並ぶ並び方は何通りありますか。

**2** A，B，C，D，Eの5人が横1列に並びます。AとB，CとDがとなり合って並ぶ並び方は何通りありますか。

## 例題6-❶

次の問いに答えなさい。

(1) 1, 1, 2, 2, 3の5枚のカードから3枚を選びます。選び方は全部で何通りありますか。

(2) ふくろの中に赤玉が2個，青玉が1個，白玉が3個入っています。この中から3個の玉を選ぶとき，選び方は全部で何通りありますか。

### 解き方と答え

(1) いくつかのものの中から順序を考えないで選び出すとき，その選び出したものを「組合せ」といいます。

1と2と21は同じ組合せになることに注意して樹形図をかくと右のようになりますから，

3枚の選び方は全部で

4＋1＝**5**(通り)　…㊤

数の小さい方から大きい方へ
順に調べる

(2) それぞれの色の玉を次のように数におきかえると調べやすくなります。

赤玉→1,　青玉→2,　白玉→3

樹形図をかくと，右のようになりますから，

3個の選び方は全部で

4＋1＋1＝**6**(通り)　…㊤

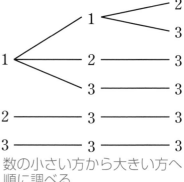

数の小さい方から大きい方へ
順に調べる

**ポイント**

「選ぶ」だけであって，「並べるのではない」ことに注意しよう！
樹形図をかくときは，大小の順を決めて，順序正しく調べよう！
漢字などは数におきかえると便利。

## 練習問題 6-❶

**1** 　①, ②, ③, ③の4枚のカードがあります。このうち2枚のカードの選び方は全部で何通りありますか。

**2** 　バラが3本, カーネーションが2本, すずらんが2本あります。ここから3本選んで花束を作るとき, 作ることができる花束の種類は何通りありますか。使わない花があってもよいものとします。

6 日目

選び方①

**例題6-②**

A，B，C，Dの4種類のケーキが1つずつあります。この中から2個を選ぶとき，選び方は全部で何通りありますか。

### 解き方と答え

選ぶ順番を A→B→C→D と決めて，樹形図をかくと下の図のようになります。

よって，答えは （3＋2＋1＝）**6通り**です。…答

これは，次のように考えることができます。

まず，1個目のケーキを選び，次に2個目のケーキを選びます。

1個目に選ぶケーキは，A，B，C，Dの4通り

2個目に選ぶケーキは，1個目に選んだケーキをのぞいた3通りになりますから，

選ぶ順番の決め方は　4×3＝12（通り）

樹形図をかくと下の図のようになります。

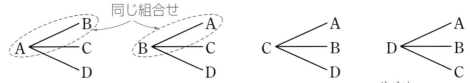

この中には，AとB，BとAのように選ぶケーキの組合せが結局同じになるものが2通りずつふくまれています  から，選び方は全部で

　　　12÷2＝6（通り）

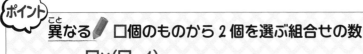

これをまとめると　$\dfrac{4\times3}{2\times1}=\dfrac{\overset{2}{4}\times3}{\underset{1}{2}\times1}=6$（通り）

このようにして，分数の式で約分を利用して求めることができます。

**ポイント**

**異なる**  **□個のものから2個を選ぶ組合せの数**

　⇨　$\dfrac{\square\times(\square-1)}{2\times1}$ **（通り）**

## 練習問題 6-❷

1 赤，青，黄，緑，白の5色の絵の具があります。このうち，2色を選んで混ぜます。2色の選び方は何通りありますか。

2 男子6人と女子3人の中から，男子2人と女子1人を選ぶ方法は，全部で何通りありますか。

3 A，B，C，Dの4チームがバレーボールの総あたり戦をするとき，全部で何試合行われることになりますか。

6
日目

選び方①

---

## 例題7-❶

　A, B, C, D, E, F の6種類のケーキが1つずつあります。この中から3個を選ぶとき, 選び方は全部で何通りありますか。

---

### 解き方と答え

　26ページ**例題6-❷**と同じようにして考えます。

1個目, 2個目, 3個目と選ぶ順番を決めます。

1個目に選ぶケーキは, A, B, C, D, E, F の6通り

2個目に選ぶケーキは, 1個目に選んだケーキをのぞいた5通り

3個目に選ぶケーキは, 1個目, 2個目に選んだケーキをのぞいた4通り

になりますから, 選ぶ順番の決め方は

　　　$6 \times 5 \times 4 = 120$（通り）

ただし, この中には, 例えば

　　　$\fbox{ABC, ACB, BAC, BCA, CAB, CBA}$

　　　　　↑ A, B, Cの並べ方は, $3 \times 2 \times 1 = 6$（通り）ある

のように選ぶケーキの組合せが結局同じになるものが6通りずつふくまれていますから, 選び方は全部で

　　　$120 \div 6 = 20$（通り）

になります。

　　　　　　　↓6個から3個を選んで並べる方法の数

これをまとめると　$\dfrac{6 \times 5 \times 4}{3 \times 2 \times 1} = \dfrac{\overset{1}{6} \times 5 \times \overset{}{4}}{\underset{1}{3} \times \underset{1}{2} \times 1} = \mathbf{20}$（通り）　…㊐

　　　　　　　　　↑3個を並べる方法の数

このようにして, 分数の式で約分を利用して求めることができます。

---

**ポイント**

**異なる**🖊 □個のものから3個を選ぶ組合せの数

　⇒　$\dfrac{\square \times (\square-1) \times (\square-2)}{3 \times 2 \times 1}$（通り）

**練習問題 7-❶**

**1** A，B，C，D，E，F，Gの7人の中からそうじ当番を3人選ぶことにしました。選び方は全部で何通りありますか。

**2** 12人の中から代表委員を3人選ぶことにしました。選び方は全部で何通りありますか。

**3** 右の図の点Aから点Iは，円周（えんしゅう）を9等分した点です。この9個の点のうち，3個の点を結（むす）んで三角形を作ります。三角形は全部で何個できますか。

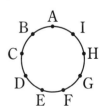

A, B, C, Dの4人の男子と, E, F, G, H, Iの5人の女子がいます。次の問いに答えなさい。

(1) 男子だけから3人を選ぶとき, 選び方は全部で何通りありますか。

(2) 男子から2人, 女子から3人を選ぶとき, 選び方は全部で何通りありますか。

**解き方と答え**

(1) 4人から3人を選ぶと1人残ります。すなわち「4人から3人を選ぶ」ということは「4人のうち残る1人を選ぶ」ということと同じであることがわかります。

よって, 残る1人の選び方は

A, B, C, Dの**4通り**です。…答

3人を選ぶ ＝ 残る1人を選ぶ

(2) 男子2人の選び方は, 28ページ**例題7-❶**より

$$\frac{4 \times 3}{2 \times 1} = 6(通り)$$

女子3人の選び方は, (1)と同じようにして考えると, 残り2人の選び方と同じになりますから

$$\frac{5 \times 4}{2 \times 1} = 10(通り)$$

3人を選ぶ ＝ 残る2人を選ぶ

したがって, 男子の選び方6通りのそれぞれに対して, 女子の選び方が10通りずつありますから, 男女あわせて5人の選び方は

$$6 \times 10 = \mathbf{60(通り)} \quad \cdots 答$$

**ポイント**

「選び方」を数えるとき, 残りの方が少ない場合は, 残りの方の組合せを数えればよい。

**練習問題 7-❷**

1　A，B，C，D，E，F，Gの7種類のあめが1個ずつあります。この中から4個を選ぶとき，何通りの選び方がありますか。

2　A，B，C，D，E，Fの6人の男子と，P，Q，R，Sの4人の女子の中から男子4人，女子3人を選ぶとき，その選び方は全部で何通りありますか。

**1** 男子2人，女子2人の4人が横1列に並びます。左から2番目に男子が並ぶ並び方は全部で何通りありますか。

**2** 8人で4人乗りのP，Q2台の自動車に分かれて乗り，ドライブに出かけることになりました。8人のうち自動車を運転できるのは2人だけです。8人の座り方は全部で何通りありますか。

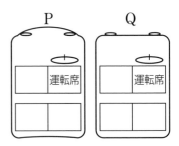

**3** 男子2人，女子2人のあわせて4人が横1列に並びます。男女交互に並ぶ並び方は何通りありますか。

**4** A, B, C, D, Eの5人が横1列に並びます。AとBとCが必ずとなり合うように並ぶ並び方は何通りありますか。

**5** ①, ①, ①, ②, ③, ④の6枚のカードから3枚を選びます。選び方は全部で何通りありますか。

**6** 赤いペンが1本, 青いペンが3本, 黒いペンが1本あります。この5本のペンの中から3本選びます。選び方は全部で何通りありますか。

**7** 8人の生徒から2人の図書係を選ぶ選び方は何通りありますか。

**8** 10人の生徒から3人のそうじ当番を選ぶ選び方は何通りありますか。

**9** 8人の生徒から委員長1人と副委員長2人を選ぶ選び方は何通りありますか。

**10** 部長1人と部員8人が，5人と4人の2組に分かれて食事をします。部長が4人の組に入るとすると，組分けの方法は何通りありますか。

**11** 男子3人，女子5人の中から男子2人，女子4人を選ぶとき，その選び方は全部で何通りありますか。

**12** 修学旅行で，A，B，C，D，E，Fの6人が甲，乙の2部屋に分かれてとまることになりました。定員は甲の部屋が3人，乙の部屋が4人です。6人がとまる方法は，全部で何通りありますか。

## 例題9-❶

　右の図のように，三角形 ABC の辺 AB，BC，CA 上にそれぞれ 2 個，3 個，1 個の点があります。この 6 個の点のうち 3 個を結んでできる三角形は全部で何個ありますか。

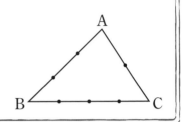

### 解き方と答え

　右の図1や図2のように，3 個の点を頂点とする三角形を作ることになりますから，三角形 ABC の辺上の 6 個の点のうち 3 個を選ぶ組合せの数を考えます。6 個の点の中から 3 個を選ぶ選び方は

$$\frac{6 \times 5 \times 4}{3 \times 2 \times 1} = 20（通り）$$

しかし，図3のように，同じ辺から 3 個の点を選ぶと，三角形はできません。

上の 20 通りの中には，この場合もふくまれていますから，三角形ができるのは

$$20 - 1 = 19（通り）$$

より，答えは，**19 個**です。…答

図1
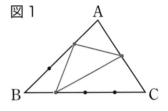

図2
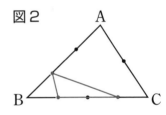

図3
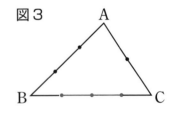

**3点を選ぶすべての場合の数から，三角形ができない場合（選んだ3点が一直線上にある場合）の数をひいて求めよう！**

## 練習問題 9-❶

**1** 右の図のように，四角形の周<sup>しゅう</sup>上に8個の点があります。この8個の点のうち3個を結んでできる三角形は全部で何個ありますか。

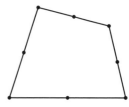

**2** 右の図のように，直線ア上に2個の点，直線イ上に5個の点があります。この7個の点のうち3個を結んでできる三角形は全部で何個ありますか。

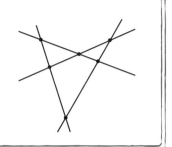

## 例題9-❷

何本かの直線を，どの2本の直線も必ず1点で交わり，どの3本の直線も同じ点で交わらないように引きます。例えば右の図のように，4本の直線を引いたときは，交わる点は6個です。8本の直線を引いたとき，交わる点は何個ですか。

 **解き方と答え**

右の図1のように，4本の直線をそれぞれア，イ，ウ，エとし，6つの交点(直線と直線が交わる点)をそれぞれA, B, C, D, E, Fとします。

図2のように，4本の直線から2本の直線ア，イを選ぶと，その2本の交点Aができます。その他の直線についても，2本選ぶごとにその2本の交点が1個できます。🖍 よって，4本の直線を引いたときにできる交点の個数は，4本の直線から2本の直線の選び方の数と同じ🖍ですから

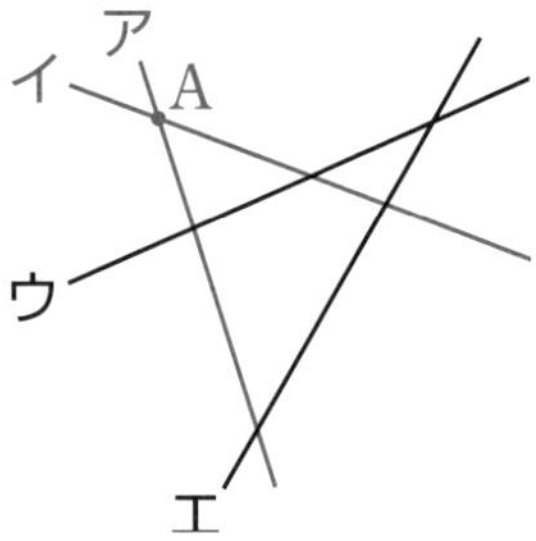

$$\frac{4 \times 3}{2 \times 1} = 6 (個)$$

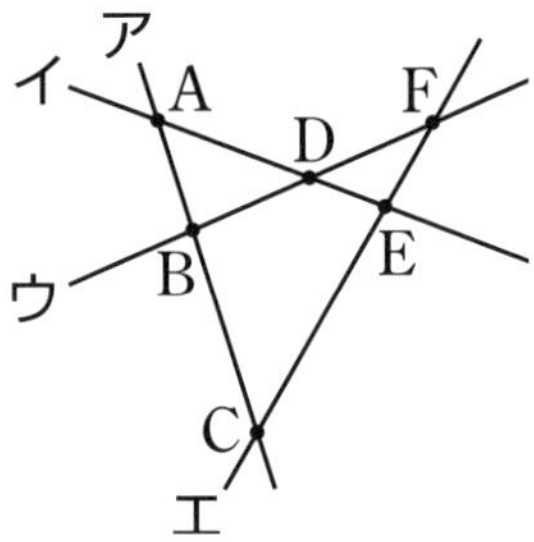

という計算で求めることができます。

したがって，8本の直線を引いたときにできる交点の個数は，同じように考えて，8本の直線から2本の直線の選び方の数と同じ🖍ですから

$$\frac{8 \times 7}{2 \times 1} = 28 (個) \quad \cdots 答$$

になります。

図1

図2

ポイント

「交わる点の個数⇨2本の直線の選び方の数」のように，問題を言いかえて考えよう！

**1** 三角形 ABC の内部に，図1のように頂点 A から直線を1本引くと，3個の三角形ができ，図2のように直線を2本引くと，6個の三角形ができます。直線を4本引くと，何個の三角形ができますか。

図1

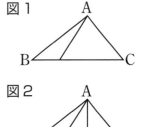

図2

9
日目

選び方③

**2** 右の図のように5本の平行線とそれらに交わる3本の平行線を引きました。この図形の中に，平行四辺形はいくつありますか。

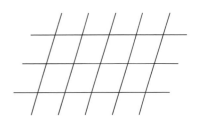

## 例題 10-❶

右の図のような，ごばんの目の形をした道があります。A地点からB地点まで，最も短い道のり（みちじゅん）で行く道順は何通りありますか。

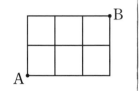

 **解き方と答え**

例えば右の図のような，数えやすい大きさの道で考えてみます。C地点からD地点まで，最も短い道のりで行く道順は下のように3通りあります。

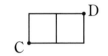

 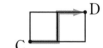 

しかし，道が増（ふ）えてくると，このように数えることは難（むずか）しくなってしまいます。そこで，次のように考えます。

① ア，イまでは1通り

② ウにはアとイから進めるから 1+1＝2（通り）

③ エにはイから進めるから1通り

④ Dにはウとエから進めるから 2+1＝3（通り）

この例題でも同じように考えて，各交差点（かくこうさてん）までの道順の数を書きこんでいくと，右の図のようになり，Bには10と書かれていますから，答えは **10通り** です。…答

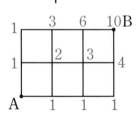

**ポイント**

ごばんの目の形の道を最も短い道のりで行く道順の数
⇒各交差点までの道順の数を次々に書きこんでいく。
交差点に書く数は，その直前の交差点に書いた数の和である。

## 練習問題 10-❶

**1** 右の図のような，正方形を組み合わせた形の道があります。AからBまで遠回りしないで行く道順は何通りありますか。

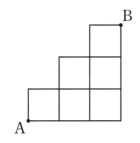

**2** 右の図のような道があります。Aの交差点からBの交差点まで遠回りせずに行く方法は何通りありますか。

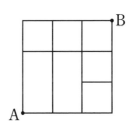

## 例題 10-❷

　右の図のような，ごばんの目の形をした道があります。A地点からB地点まで，最も短い道のりで行くとき，次の問いに答えなさい。

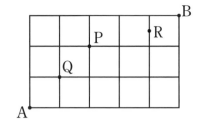

(1) 交差点Pを通っていく道順は何通りありますか。

(2) 交差点Qと道のと中のRを通らずに行く道順は何通りありますか。

 **解き方と答え**

(1) Pを通るので，A→PとP→Bに分けて考えます。

　A→Pの各交差点までの道順の数を書きこんでいくと，右の図1のようになり，A→Pは6通りです。P→Bの各交差点までの道順の数を書きこんでいくと，右の図2のようになり，P→Bは4通りです。したがって，A→Pの6通りのそれぞれに対して，P→Bは4通りずつあります から，全部で　6×4＝**24(通り)**　…答

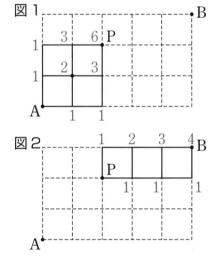

(2) 通れない地点があっても，数を書きこむ方法が使えます。

　通れない道を消して，各交差点までの道順の数を書きこんでいく と，右の図3のようになり，Bには19と書かれていますから，答えは**19通り**です。…答

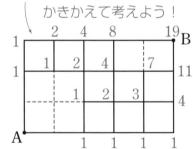

 **ポイント**

・と中のPを通っていく道順
　⇨(A→Pの道順の数)×(P→Bの道順の数)

・通れない道がある場合
　⇨通れない道を消して，各交差点までの道順の数を書きこんでいく

**練習問題 10-❷**

**1** 右の図のような道があります。A地点からB地点まで行く最短の道順のうち，C地点を通る道順は何通りありますか。

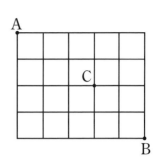

10
日目

書きこんで数える

**2** A町の道路は右の図のようになっています。家から学校へ行く最も短い道のりの道順を考えます。×印のついている道路は工事のため通行できないとすると，道順は全部で何通りになりますか。

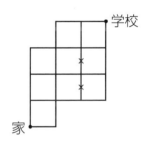

## 例題 11-❶

　大，中，小の3個のさいころを同時に投げるとき，出た目の数の和が6になる場合は何通りありますか。

### 解き方と答え

　和が6になるような3つのさいころの数の組合せは

　　　（1，1，4），（1，2，3），（2，2，2）

の3組が考えられます。

このそれぞれの組において，大，中，小のさいころのどれがどの目になるか（=並べ方）を考えます。

[組合せ]　　　　　　[並べ方]

（1，1，4）→図1より，3通り

　　　　　　　↑
　　　　大，中，小のどれが4の目になるかで3通り

（1，2，3）→図2より，6通り

　　　　　　　↑
　　　大，中，小の順番で目の数を決めていくと，
　　　異なる3つの数字（1と2と3）の並べ方と同じで，
　　　3×2×1=6（通り）

（2，2，2）→1通り

図1　　大　　中　　小

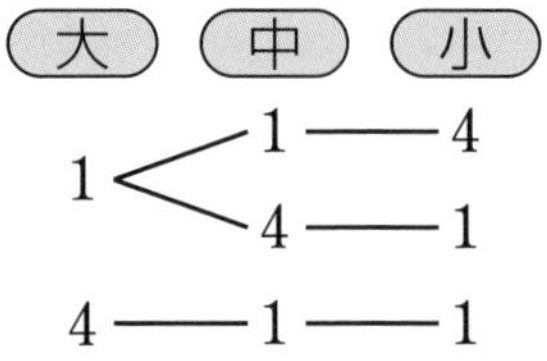

　　　　　　　　1 —— 4
　　　1 <
　　　　　　　　4 —— 1

　　　4 —— 1 —— 1

図2　　大　　中　　小

　　　　　　　　2 —— 3
　　　1 <
　　　　　　　　3 —— 2

　　　　　　　　1 —— 3
　　　2 <
　　　　　　　　3 —— 1

　　　　　　　　1 —— 2
　　　3 <
　　　　　　　　2 —— 1

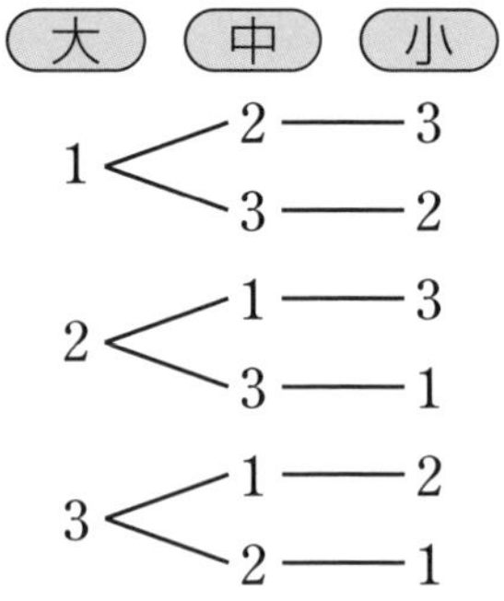

したがって，目の数の和が6になる場合は全部で

　　　3+6+1=**10**（通り）　…答

### ポイント

　条件に合う目の数の組合せをすべて書き出し，それぞれの組合せにおいて，どのさいころがどの目になるか（=並べ方）を考えよう！　さいころの目の数は6までしかないことに注意！

**練習問題 11-❶**

**1** 大小2つのさいころを投げて，出た目の数の和が10以上になる場合は何通りありますか。

**2** 大，中，小3つのさいころを投げて，出た目の数の和が7になる場合は何通りありますか。

6個のみかんを3人の子ども A，B，C で分けるとき，何通りの分け方がありますか。ただし，少なくとも1人1個はもらえるものとします。

## 解き方と答え

<u>少なくとも1個はもらえるので，最初に1人1個ずつ配っておきます。</u>
すると，残りの（6-3=）3個を3人で分ける方法を考えればよいことになります。

みかん3個を3つの皿に分けてのせ（みかんがのっていない皿があってもよい），
3人に皿ごとわたすと考えます。

3個を3つの皿に分けるときの個数の組合せは

  （0個，0個，3個），（0個，1個，2個），（1個，1個，1個）

の3組が考えられます。
<u>このそれぞれの組において，A，B，C の3人のだれがどの皿を取るか（=並べ方）を考えます。</u>

[組合せ]　　　　　　　[並べ方]

（0個，0個，3個）→図1より，3通り
　　　　　　　　　⬆
　　　A，B，Cのだれが3個を受け取るかで3通り

（0個，1個，2個）→図2より，6通り
　　　　　　　　　⬆
　　　A，B，Cの順番で受け取る個数を決めていくと，
　　　異なる3つの数字（0と1と2）の並べ方と同じで，
　　　3×2×1=6(通り)

（1個，1個，1個）→1通り

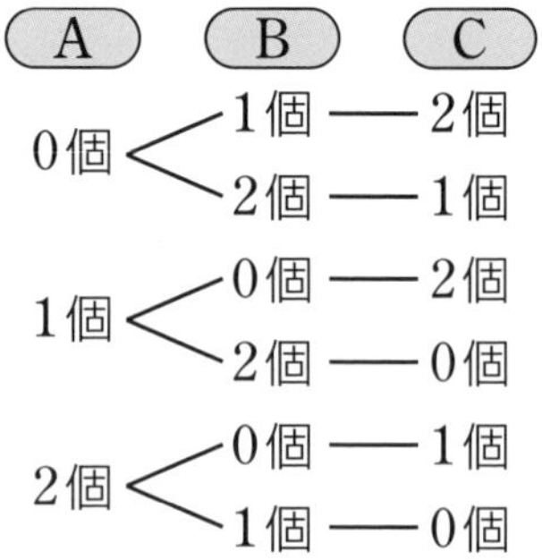

したがって，みかんの分け方は全部で

  3+6+1=**10(通り)**　…答

図1　(A)　(B)　(C)

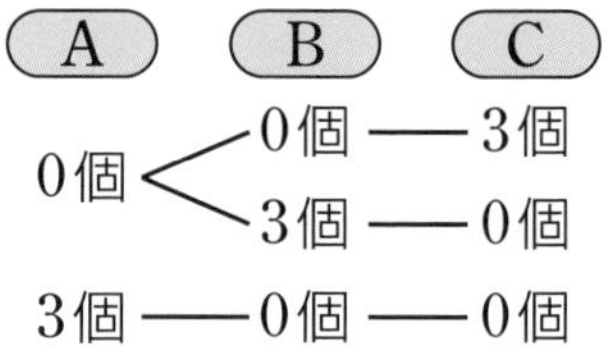

0個 ＜ 0個 ── 3個
　　　　3個 ── 0個

3個 ── 0個 ── 0個

図2　(A)　(B)　(C)

0個 ＜ 1個 ── 2個
　　　　2個 ── 1個

1個 ＜ 0個 ── 2個
　　　　2個 ── 0個

2個 ＜ 0個 ── 1個
　　　　1個 ── 0個

ポイント

**少なくとも1人1個はもらえる問題では，まず最初に1人1個ずつ配っておこう！**
**次に残りの個数の組合せをすべて書き出し，それぞれの組合せにおいて，だれがどの個数を受け取るか（=並べ方）を考えよう！**

## 練習問題 11-❷

**1** 5個のりんごを3人の子ども A，B，C で分けます。何通りの分け方があり
ますか。ただし，1人1個はもらうものとします。

**2** 5個のりんごを3人の子ども A，B，C で分けます。何通りの分け方があり
ますか。ただし，りんごをもらわない人がいてもよいものとします。

**1** 右の図のように，三角形 ABC の辺 AB，BC，CA 上にそれぞれ 3 個，2 個，3 個の点があります。この 8 個の点のうち 3 個を結んでできる三角形は全部で何個ありますか。

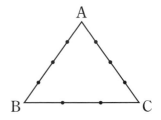

**2** 右の図のように，長方形 ABCD の周上に 10 個の点があります。この 10 個の点のうち 3 個を結んでできる三角形は全部で何個ありますか。

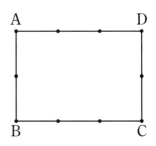

**3** 12 本の直線を引いたとき，交わる点は何個できますか。ただし，どの 2 本の直線も必ず 1 点で交わり，どの 3 本の直線も同じ点で交わらないものとします。

**4** 右の図の六角形 ABCDEF で，6つの頂点の中から異なる4つの点を選び，対角線を2本引きます。2本の対角線が交わるような線の引き方は何通りありますか。

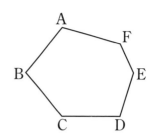

**5** 右の図のような正方形を組み合わせた形の道があります。AからBまで遠回りしないで行く道順は何通りありますか。

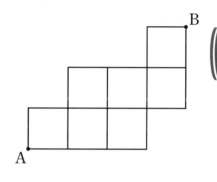

**6** 右の図は正三角形が集まってできた図形です。線上を通って点アから点イまで行くとき，最短きょりで行く方法は何通りありますか。

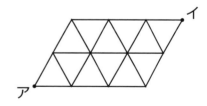

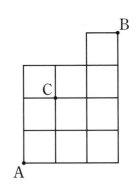

**7** 右の図のように，A地からB地までごばんの目のように道が通っている町があります。このとき，A地からB地まで遠回りをしないで行く道順について，次の問いに答えなさい。

(1) A地からB地まで行く道順は，全部で何通りありますか。

(2) A地からB地まで，と中のC地を通って行く道順は，全部で何通りありますか。

(3) と中のC地を通らないで行く道順は，全部で何通りありますか。

**8** 右の図のように，A地からB地までごばんの目のように道が通っている町があります。A地からB地まで遠回りをしないで行く道順を考えます。ある日，図の×印の道が工事のため通ることができませんでした。この日，A地からB地まで行く道順は，全部で何通りありますか。

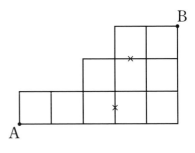

**9** 異なる3つのさいころを同時に投げるとき，出た目の数の和が10になる場合は何通りありますか。

10　大，中，小の3個のさいころを同時に投げるとき，出た目の数の和が15以下になる場合は何通りありますか。

11　10個のみかんを3人の子どもA，B，Cで分けるとき，何通りの分け方がありますか。ただし，少なくとも1人2個はもらうものとします。

12
日目

9日目〜11日目の復習

12　バナナ，イチゴ，メロンの3種類の果物がたくさんあります。この中から6個選ぶとき，何通りの選び方がありますか。ただし，1つも選ばれない果物があってもよいとします。

**①** 京都と大阪と神戸の間には右のような電車の
路線があります。これらの鉄道を使って京都か
ら大阪を通って神戸に行き，また大阪を通って
京都にもどる方法は□□通りあります。ただ
し，行き帰りで同じ路線を使ってもよいものとします。□□にあてはまる数を
求めなさい。

（大阪・履正社学園豊中中）

**②** 右の図のような布のア・イ・ウの部分に，赤・青・
黄・緑・白の5色から色を選んでぬる方法は何通りあ
りますか。ただし，同じ色を2度使ってもかまいませ
んが，となり合った部分を同じ色でぬってはいけない
とします。

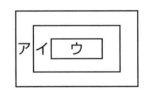

（大阪・開明中）

**③** 0, 1, 2, 3, 4, 5 のそれぞれの数字を1つずつ書いた6枚のカードがあります。このうちの3枚を用いて3けたの整数をつくるとき, 5の倍数は何個できますか。

（大阪・清風中）

**④** 0, 1, 2, 3, 4 の5枚のカードの中から3枚を取り出して, 3けたの整数をつくります。321より小さい整数は何通りできますか。

（東京・跡見学園中）

⑤ 3人の6年生A，B，Cと4人の1年生D，E，F，Gの7人が，縦1列に並びます。1番前と1番後ろには必ず6年生が並ぶとき，並び方は全部で□通りです。□にあてはまる数を求めなさい。

（東京・頌栄女子学院中）

⑥ 男子2人，女子4人を1チームとして，リレーをします。次の問いに答えなさい。

（和歌山・開智中）

(1) 走る順番は全部で何通りですか。

(2) 1番目と6番目に男子が走る場合，走る順番は全部で何通りですか。

(3) 男子が続けて走らない場合，走る順番は全部で何通りですか。

**⑦** 放送委員が男子5人，女子3人います。男子から委員長を，女子から副委員長をそれぞれ1人選び，残った男女6人の中から道具係を2人選びます。このような選び方は全部で◻️通りです。◻️にあてはまる数を求めなさい。

（東京・青稜中）

**⑧** 家から目的地まで5か所のベンチがあります。行きも帰りも2か所のベンチで休むことにします。ベンチの選び方は◻️通りあります。ただし，帰りは行きと異なる所を選ぶことにします。◻️にあてはまる数を求めなさい。

（大阪・金蘭千里中）

**⑨** 右の図のように，平行な2つの
直線アとイがあります。直線アに
は1cmおきに3個の点があり，直
線イには1cmおきに4個の点があ
ります。このとき，次の問いに答
えなさい。

（東京・恵泉女学園中）

(1) この7個の点の中から4個の点を選んで直線で結び平行四辺形を作るとき，
何個の平行四辺形ができますか。

(2) この7個の点の中から3個の点を選んで直線で結び三角形を作るとき，何
個の三角形ができますか。

**⑩** 右の図のような道があり，A地点からB地点に進み
ます。進む方向を右か上だけにすると進み方は全部で
　①　通りあり，進む方向を右か上かななめ右上だけに
すると進み方は全部で　②　通りあります。　①　，　②
にあてはまる数を求めなさい。

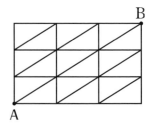

（愛知・南山中女子部）

⑪ 大中小３つのさいころを投げて，出た目の数の合計が９になるのは□通りです。ただし大中小それぞれの目が，1，2，6の場合と6，2，1の場合は２通りと考えます。□にあてはまる数を求めなさい。

（兵庫・関西学院中学部）

⑫ ４個の同じ白玉をA，B，Cの３人で分けます。白玉をもらわない人がいてもよいとき，何通りの分け方がありますか。

（兵庫・雲雀丘学園中）

**①** 右の図で，となり合う部分はちがう色になるように
4つの部分をぬり分けます。次の問いに答えなさい。

（東京・聖心女子学院中等科）

(1) 赤，青，黄，緑の4色でぬり分けるぬり方は何通りありますか。

(2) 赤，青，黄の3色でぬり分けるぬり方は何通りありますか。

**②** ⓪, ①, ②, ③, ④の5枚のカードから3枚とって3けたの整数をつくるとき，
全部で ① 個つくれます。そのうち，偶数は ② 個です。 ① ， ② にあては
まる数を求めなさい。

（千葉・昭和学院秀英中）

**③** 1から5までの5つの整数を1回ずつ使って5けたの整数をつくるとき，43500より大きいものは全部で□個あります。□にあてはまる数を求めなさい。

（東京・青陵中）

**④** 父，母，兄，妹の4人が5人乗りの車に乗ります。A，B，C，D，Eの席があり，Aは運転席です。Aの席は父か母しか座れません。次の問いに答えなさい。 （大阪・関西大北陽中）

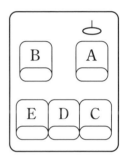

(1) 最初Dの席はあけておきます。座り方は全部で何通りありますか。

(2) と中で妹の友だちを乗せて，全員が座りなおしました。5人になったのでDにもだれかが座ることになります。また，友だちは妹の横に座らせることにします。座り方は全部で何通りありますか。

**⑤** 男子3人，女子3人が1列に並びます。このとき，次の問いに答えなさい。

（神奈川・山手学院中）

(1) 男女6人の並び方は何通りありますか。

(2) 女子3人が続いて並ぶ並び方は何通りありますか。

(3) 男女交互に並ぶ並び方は何通りありますか。

**⑥** 0, 1, 1, 2, 3 の5枚のカードのうち，3枚を並べて3けたの整数をつくるとき，異なる偶数は全部で何通りできますか。

（東京・実践女子学園中）

**⑦** みかんが3個, りんごが3個, メロンが1個, かきが2個あります。この中から同時に3個取り出すとき, 取り出し方は何通りありますか。ただし, 同じ種類の果物を取ってもよいこととします。

(東京・早稲田実業中等部)

**⑧** A, B, C, D, Eの5人を2人と3人のグループに分けました。次の問いに答えなさい。

(東京・日本大豊山中)

(1) グループの分け方は全部で何通りありますか。

(2) AとDが同じグループになる分け方は全部で何通りありますか。

**⑨** 男子6人，女子8人の中から男子5人，女子7人を選<ruby>選<rt>えら</rt></ruby>ぶとき，その選び方は全部で何通りありますか。

（北海道・函館ラ・サール中）

**⑩** 図のように，4本の平行線とそれに交わる4本の平行線を引きました。この中に，平行四辺形はいくつありますか。

（東京・田園調布学園中等部）

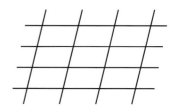

⑪ 図の道路を，AからBまで，CとDを通らないで行く最短の道順は全部で何通りありますか。

（千葉・渋谷教育学園幕張中）

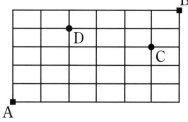

⑫ あめとガムとチョコレートの3種類のおかしから，合計10個を選んで買います。あめもガムもチョコレートも最低1個は買うものとすれば，買い方は全部で□通りあります。□にあてはまる数を求めなさい。

（大阪桐蔭中）

③

## ● 著者紹介

**粟根 秀史（あわね ひでし）**

　教育研究グループ「エデュケーションフロンティア」代表。森上教育研究所客員研究員。大学在学中より塾講師を始め，35年以上に亘り中学受験の算数を指導。SAPIX小学部教室長，私立さとえ学園小学校教頭を経て，現在は算数教育の研究に専念する傍ら，教材開発やセミナー・講演を行っている。また，独自の指導法によって数多くの「算数大好き少年・少女」を育て，「算数オリンピック金メダリスト」をはじめとする「算数オリンピックファイナリスト」や灘中，開成中，桜蔭中合格者等を輩出している。『中学入試 最高水準問題集 算数』『速ワザ算数シリーズ』（いずれも文英堂）等著作多数。

□ 編集協力　山口雄哉（私立さとえ学園小学校教諭）

□ 図版作成　㈲デザインスタジオ エキス.

---

**シグマベスト**
**中学入試　分野別集中レッスン**
**算数　場合の数**

本書の内容を無断で複写（コピー）・複製・転載することを禁じます。また，私的使用であっても，第三者に依頼して電子的に複製すること（スキャンやデジタル化等）は，著作権法上，認められていません。

| | |
|---|---|
| 著　者 | 粟根秀史 |
| 発行者 | 益井英郎 |
| 印刷所 | NISSHA株式会社 |
| 発行所 | 株式会社文英堂 |

　　　　〒601-8121　京都市南区上鳥羽大物町28
　　　　〒162-0832　東京都新宿区岩戸町17
　　　　（代表）03-3269-4231

中学入試

# 分野別

\ 集中レッスン /

算数 場合の数

解答・解説

文英堂

**練習問題 1-❶ の答え**　問題➡本冊 5 ページ

**1** 12 通り　　**2** 21 個

### ✏ 解き方

**1** 小さい順に書き出していくと下のようになります。

| | | | |
|---|---|---|---|
| 13 | 31 | 51 | 71 |
| 15 | 35 | 53 | 73 |
| 17 | 37 | 57 | 75 |

↑十の位が1　↑十の位が3　↑十の位が5　↑十の位が7

以上より　$3 \times 4 = 12$（通り）

**2** 小さい順に書き出していくと下のようになります。

| | | | |
|---|---|---|---|
| 105 | 204 | 303 | 402 |
| 114 | 213 | 312 | 411 |
| 123 | 222 | 321 | 420 |
| 132 | 231 | 330 | |
| 141 | 240 | | |
| 150 | | | |

↑百の位が4
↑百の位が3
↑百の位が2
↑百の位が1

| | |
|---|---|
| 501 | 600 |
| 510 | |

↑百の位が6
↑百の位が5

以上より　$6+5+4+3+2+1 = 21$（個）

**練習問題 1-❷ の答え**　問題➡本冊 7 ページ

**1** 24 通り　　**2** 26 通り

### ✏ 解き方

**1** 樹形図をかくと下のようになります。

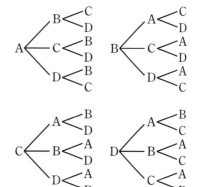

以上より，並べ方は全部で　$6 \times 4 = 24$（通り）

**2** 樹形図をかくと下のようになります。

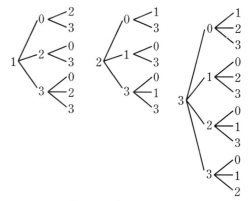

以上より，並べ方は全部で

$$7 \times 2 + 12 = 26 \text{（通り）}$$

**練習問題 2-❶ の答え** 問題➡本冊 9ページ

1 10通り  2 (1) 24通り (2) 10通り

✏ **解き方**

1 AからBまでの5通りに対して，それぞれ
BからCまで2通りずつの道がありますから，
AからCまでの道順は全部で

$$5 \times 2 = 10（通り）$$

2 (1) AからBまで3通り，BからCまで2
通り，CからDまで4通りの交通手段があり
ますから，AからDまで行く方法は全部で

$$3 \times 2 \times 4 = 24（通り）$$

(2)・AからBまで電車を使う場合
BからCまではバスとタクシーの2通り，
CからDまではバス，自転車，タクシー
の3通りの交通手段がありますから

$$2 \times 3 = 6（通り）$$

・CからDまで電車を使う場合
AからBまではバスと船の2通り，Bか
らCまではバスとタクシーの2通りの交
通手段がありますから

$$2 \times 2 = 4（通り）$$

したがって，AからDまで電車を1回だ
け使って行く方法は全部で

$$6 + 4 = 10（通り）$$

**練習問題 2-❷ の答え** 問題➡本冊 11ページ

1 6通り  2 (1) 24通り (2) 24通り

✏ **解き方**

1 A，B，C，Dの4か所を赤，青，黄の3色
でぬり分けるには，AとDの2か所を同じ色
でぬる必要があります。

AとD，B，Cの順に色をぬっていくと考える
と，AとDには3通り，BにはAとDにぬっ
た色以外の(3−1=)2通り，CにはAとD，B
にぬった色以外の(3−2=)1通り✏のぬり方
がありますから，ぬり分ける方法は全部で

$$3 \times 2 \times 1 = 6（通り）$$

2 (1) A，B，C，Dの順に色をぬっていくと考
えると，Aには赤，青，黄，白の4通り，B
にはAにぬった色以外の(4−1=)3通り，C
にはA，Bにぬった色以外の(4−2=)2通り，
DにはA，B，Cにぬった色以外の(4−3=)
1通り✏のぬり方がありますから，ぬり分け
る方法は全部で

$$4 \times 3 \times 2 \times 1 = 24（通り）$$

(2) A，B，C，Dの4か所を3色でぬり分け
るには，AとDの2か所を同じ色でぬる必
要があります。

AとD，B，Cの順に色をぬっていくと考え
ると，AとDには赤，青，黄，白の4通り，
BにはAとDにぬった色以外の(4−1=)3
通り，CにはAとD，Bにぬった色以外の
(4−2=)2通り✏のぬり方がありますから，
ぬり分ける方法は全部で

$$4 \times 3 \times 2 = 24（通り）$$

問題➡本冊13ページ

## 練習問題 3-❶ の答え

[1] 24 通り    [2] 10 通り

### ✏ 解き方

[1] 千の位, 百の位, 十の位, 一の位の順に数字を決めていくと考えます。

千の位には 1, 2, 3, 4 の 4 通り, 百の位には千の位で使った数字以外の(4−1=)3 通り, 十の位には千の位, 百の位で使った数字以外の(4−2=)2 通り, 一の位には千の位, 百の位, 十の位で使った数字以外の(4−3=)1 通り✏の決め方がありますから, 4 けたの整数は全部で

$$4×3×2×1=24(通り)$$

[2] 偶数になるのは, 一の位が 0, 2, 4, 6, 8 になるときです。この問題では, 0, 1, 2, 3 の 4 つの数字しか使えませんから, 一の位が 0 の場合と一の位が 2 の場合で分けて考えます。

・一の位が 0 の場合

百の位には 1, 2, 3 の 3 通り, 十の位には一の位で使った 0 と百の位で使った数字以外の(4−2=)2 通り✏の決め方がありますから

$$3×2=6(通り)$$

・一の位が 2 の場合

百の位には 1, 3 の 2 通り(0 は使えません), 十の位には一の位で使った 2 と百の位で使った数字以外の(4−2=)2 通り✏の決め方がありますから

$$2×2=4(通り)$$

したがって, 偶数は全部で

$$6+4=10(通り)$$

問題➡本冊15ページ

## 練習問題 3-❷ の答え

[1] 9 番目    [2] 321

### ✏ 解き方

[1] 百の位が 1 のとき, 十の位には 2, 3, 4 の 3 通り, 一の位には百の位の 1 と十の位で使った数字以外の(4−2=)2 通りの決め方がありますから, 百の位が 1 になる 3 けたの整数は

$$3×2=6(個)$$

百の位が 2 で, 十の位が 1 になる 3 けたの整数は

213, 214  ⬅書き出してさがす

の 2 個で, このあとに 231 が続きますから, 231 は小さい方から数えて

$$6+2+1=9(番目)$$

[2] 百の位が 1 のとき, 十の位には 0, 2, 3, 4, 5 の 5 通り, 一の位には百の位の 1 と十の位で使った数字以外の(6−2=)4 通りの決め方があります

| | | |
|---|---|---|
| 1 □ □ | → | 20個 |
| 2 □ □ | → | 20個 |
| 3 0 □ | → | 4個 |
| 3 1 □ | → | 4個 |
| 3 2 0 | | |
| 3 2 1 | | |

から, 百の位が 1 になる 3 けたの整数は

$$5×4=20(個)$$

同じように考えると, 百の位が 2 になる 3 けたの整数も 20 個できます。よって, 小さい方から数えて 50 番目の整数は, 百の位が 3 になる 3 けたの整数のうち, 小さい方から数えて

$$50−20×2=10(番目)$$

になることがわかります。

百の位が 3 になる 3 けたの整数で, 十の位が 0 のものは 4 個, 十の位が 1 のものは 4 個あり, このあと

320, 321, …  ⬅書き出してさがす

と続いていきますから, 求める整数は **321** です。

1 6通り　　2 9通り　　3 19通り

4 (1) 6通り　(2) 12通り　　5 12通り

6 12通り　　7 18通り　　8 12通り

9 60個　　10 14通り　　11 46個

12 2410

✏ **解き方**

1 小さい順に書き出していくと下のようになります。

|       |       |       |
|-------|-------|-------|
| 123 | 213 | 312 |
| 132 | 231 | 321 |

⬆百の位が1　⬆百の位が2　⬆百の位が3

以上より　2×3＝**6**(通り)

2 小さい順に書き出していくと下のようになります。

| 101 | 201 |
|-----|-----|
| 102 | 210 |
| 110 | 211 |
| 112 | |
| 120 | |
| 121 | |

⬆百の位が2

⬆百の位が1

以上より　6＋3＝**9**(通り)

3 樹形図をかくと下のようになります。

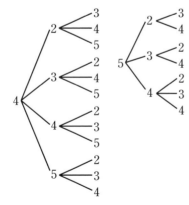

以上より　12＋7＝**19**(通り)

4 (1) AからBまでの2通りに対して，それぞれBからCまでの3通りずつの乗り物がありますから

2×3＝**6**(通り)

(2) (1)より，AからCまでは6通りですから，帰りの方法を考えます。

CからBまでは行きに使った乗り物以外の(3−1＝)2通り，BからAまでは行きに使った乗り物以外の(2−1＝)1通りになりますから，帰りの方法は全部で

2×1＝**2**(通り)

したがって，往復の方法は全部で

6×2＝**12**(通り)

5 ア，イ，ウの順に色をぬっていくと考えると，アには赤，青，緑の3通り，イにはアにぬった色以外の(3−1＝)2通り，ウにはイにぬった色以外の(3−1＝)2通り(アと同じ色でもよい)✏のぬり方がありますから，ぬり分ける方法は全部で

3×2×2＝**12**(通り)

6 ア，イ，ウ，エの4か所を青，黄，赤の3色でぬり分けるには，「アとエ」または「イとウ」を同じ色でぬる必要があります。

・アとエを同じ色でぬる場合

アとエ，イ，ウの順に色をぬっていくと考えると，アとエには3通り，イにはアとエにぬった色以外の2通り，ウにはアとエ，イにぬった色以外の1通り✏のぬり方がありますから，ぬり分ける方法は

3×2×1＝**6**(通り)

・イとウを同じ色でぬる場合

アとエを同じ色でぬる場合と同じように考えて

3×2×1＝**6**(通り)

したがって，ぬり分ける方法は全部で

6＋6＝**12**(通り)

**7** 千の位，百の位，十の位，一の位の順に数を決めていくと考えます。千の位には0をのぞく3, 6, 9の3通り，百の位には千の位で使った数字以外の(4−1=)3通り，十の位には千の位，百の位で使った数字以外の(4−2=)2通り，一の位には千の位，百の位，十の位で使った数字以外の(4−3=)1通りの決め方がありますから，4けたの整数は全部で

$$3×3×2×1=\textbf{18}(通り)$$

**8** 5でわり切れる整数になるのは，一の位が0か5になるときです。この問題では，1から5の5つの整数しか使えませんから，一の位を5に決めてから，百の位と十の位の決め方を考えます。
百の位には5をのぞく1, 2, 3, 4の4通り，十の位には5と百の位で使った数字以外の(5−2=)3通りの決め方がありますから，5でわり切れる整数は全部で

$$4×3=\textbf{12}(通り)$$

**9** 百の位，十の位，一の位の順に数を決めていくと考えます。
百の位には1, 3, 5, 7, 9の5通り，十の位には百の位で使った数字以外の(5−1=)4通り，一の位には百の位，十の位で使った数字以外の(5−2=)3通りの決め方がありますから，求める個数は

$$5×4×3=\textbf{60}(個)$$

**10** 奇数になるのは，一の位が奇数になるときです。

・一の位が1の場合
残りの0, 2, 3, 3の中から百の位，十の位を決めていきますが，同じ数字がある(3が2個)ので，樹形図をかいて数えます。

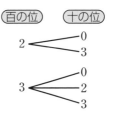

以上より，5通りです。

・一の位が3の場合
残りの数字は0, 1, 2, 3ですべて異なりますから，計算でも求めることができます。
百の位には1, 2, 3の3通り，十の位には百の位で使った数字以外の(4−1=)3通りの決め方がありますから

$$3×3=9(通り)$$

したがって，奇数になるのは全部で

$$5+9=\textbf{14}(通り)$$

**11** 百の位が4で十の位が5のものは453, 456の2個です。
百の位が4で十の位が6のものは，一の位には1, 2, 3, 5の4通りの決め方がありますから，4個です。
百の位が5のものは，十の位には1, 2, 3, 4, 6の5通り，一の位には5と十の位で使った数字以外の4通りの決め方がありますから

$$5×4=20(個)$$

百の位が6のものも，同じようにして20個です。したがって，452より大きいものは全部で

$$2+4+20×2=\textbf{46}(個)$$

| 453 | |
| --- | --- |
| 456 | } 2個 |

4 6 □ → 4個
5 □ □ → 20個
6 □ □ → 20個

**12** 千の位が1のとき，百の位には0, 2, 3, 4, 5の5通り，十の位には残りの4通り，一の位にはさらに残りの3通りの決め方があります

| | | | | |
|---|---|---|---|---|
| 1 □ □ □ | → 60個 |
| 2 0 □ □ | → 12個 |
| 2 1 □ □ | → 12個 |
| 2 3 □ □ | → 12個 |
| 2 4 0 □ | → 3個 |
| 2 4 1 0 | |

すから，千の位が1になる4けたの整数は

$$5 \times 4 \times 3 = 60 (個)$$

できます。よって，小さい方から数えて100番目の整数は，千の位が2になる整数のうち，小さい方から数えて

$$100 - 60 = 40 (番目)$$

になることがわかります。

千の位が2，百の位が0になる4けたの整数は

$$4 \times 3 = 12 (個)$$

千の位が2，百の位が1になるものも12個，

千の位が2，百の位が3になるものも12個ありますから，あと

$$40 - 12 \times 3 = 4 (個)$$

千の位が2，百の位が4，十の位が0のものは3個で，このあとは2410になりますから，求める4けたの整数は**2410**です。

問題➡本冊21ページ

**練習問題 5-❶ の答え**

1 12 通り　　2 36 通り

### 解き方

1 最後に走る人は，たかしさんかまさきさ
　↑特別な位置
んの 2 通りです。それぞれに対して，残り 3
人（男子 1 人と女子 2 人）の走る順番の決め方
は

$$3×2×1＝6（通り）$$

ずつありますから，4 人のリレーの順番は全部
で

$$2×6＝\mathbf{12}（通り）$$

2 両はしの男子の並び方は，3 人から 2 人を
　↑特別な位置
選んで並べる並べ方と同じですから

$$3×2＝6（通り）$$

そのそれぞれに対して，残り 3 人（男子 1 人と
女子 2 人）の並び方は

$$3×2×1＝6（通り）$$

ずつありますから，両はしが男子になる 5 人の
並び方は全部で

$$6×6＝\mathbf{36}（通り）$$

問題➡本冊23ページ

**練習問題 5-❷ の答え**

1 144 通り　　2 24 通り

### 解き方

1 男子 3 人の並び方は　$3×2×1＝6$（通り）

女子 4 人の並び方は　$4×3×2×1＝24$（通り）

よって，7 人が男女交互に並ぶ並び方は全部で

$$6×24＝\mathbf{144}（通り）◀ 男子の並び方×女子の並び方$$

2 A と B，C と D をそれぞれひとまとまりと
考えて，AB，CD，E の並べ方を計算する
と

$$3×2×1＝6（通り）$$

になります。

それぞれに対して，A と B の並び方は「A が左
で B が右」「B が左で A が右」の 2 通りの場合
が考えられます。

C と D の並び方も同じようにして 2 通りの場
合が考えられますから，A と B，C と D がと
なり合って並ぶ並び方は全部で

$$6×2×2＝\mathbf{24}（通り）$$

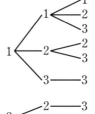
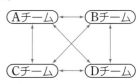

**練習問題 6-❶ の答え**　　問題➡本冊25ページ

1 4通り　　2 8通り

**解き方**

1 樹形図をかくと右のようになります。

よって，2枚のカードの選び方は全部で

$$2+1+1=4(通り)$$

1 $<$ 2 3
2 — 3
3 — 3

2 バラ→1，カーネーション→2，すずらん→3 のように，花の名前を数におきかえて，数の小さい順に調べていきます。

樹形図をかくと右のようになります。

よって，作ることができる花束の種類は全部で

$$6+2=8(通り)$$

1 $<$ 1 $<$ 1 2 3
2 $<$ 2 3
3 — 3
2 $<$ 2 — 3
3 — 3

**練習問題 6-❷ の答え**　　問題➡本冊27ページ

1 10通り　　2 45通り　　3 6試合

**解き方**

1 5色から2色の選び方は

⬇5色から2色を選んで並べる方法の数

$$\frac{5\times4}{2\times1}=10(通り)$$

⬆2色を並べる方法の数

2 男子6人から2人の選び方は

⬇6人から2人を選んで並べる方法の数

$$\frac{6\times5}{2\times1}=15(通り)$$

⬆2人を並べる方法の数

女子3人から1人を選ぶ方法は3通り。

したがって，男子2人と女子1人を選ぶ方法は全部で

$$15\times3=45(通り)$$

3 試合は2チームで行われますから，求める試合の数は4チームから2チームの選び方の数と等しくなります。

（矢印の直線が，対戦の組合せを表しています。）

したがって，求める試合数は

⬇4チームから2チームを選んで並べる方法の数

$$\frac{4\times3}{2\times1}=6(試合)$$

⬆2チームを並べる方法の数

## 練習問題 7-❶ の答え
問題➡本冊29ページ

**1** 35通り　　**2** 220通り　　**3** 84通り

### 解き方

**1** 7人から3人の選び方は

↓7人から3人を選んで並べる方法の数

$$\frac{7 \times 6 \times 5}{3 \times 2 \times 1} = \mathbf{35}\,(通り)$$

↑3人を並べる方法の数

**2** 12人から3人の選び方は

↓12人から3人を選んで並べる方法の数

$$\frac{12 \times 11 \times 10}{3 \times 2 \times 1} = \mathbf{220}\,(通り)$$

↑3人を並べる方法の数

**3** 9個の点から3個の点の選び方は

↓9個から3個を選んで並べる方法の数

$$\frac{9 \times 8 \times 7}{3 \times 2 \times 1} = \mathbf{84}\,(通り)$$

↑3個を並べる方法の数

## 練習問題 7-❷ の答え
問題➡本冊31ページ

**1** 35通り　　**2** 60通り

### 解き方

**1** 7種類から4種類の選び方の数は，7種類から残りの3種類の選び方の数と同じ✎ですから

$$\frac{7 \times 6 \times 5}{3 \times 2 \times 1} = \mathbf{35}\,(通り)$$

**2** まず男子の選び方を考えます。

6人から4人の選び方の数は，6人から残り2人の選び方の数と同じ✎ですから

$$\frac{6 \times 5}{2 \times 1} = 15\,(通り)$$

次に，女子の選び方を考えます。

4人から3人の選び方の数は，4人から残り1人の選び方の数と同じ✎ですから，4通り

したがって，男子4人，女子3人を選ぶときの選び方は全部で

$$15 \times 4 = \mathbf{60}\,(通り)$$

**8**日目

5日目〜7日目の復習

| | | | | | |
|---|---|---|---|---|---|
| **1** 12通り | **2** 1440通り | **3** 8通り |
| **4** 36通り | **5** 8通り | **6** 4通り |
| **7** 28通り | **8** 120通り | **9** 168通り |
| **10** 56通り | **11** 15通り | **12** 35通り |

### 解き方

**1** 男子は2人いますから，左から2番目に並ぶ人（↑特別な位置）の決め方は2通りです。それぞれに対して，残り3人（男子1人と女子2人）の並び方は

$$3×2×1＝6（通り）$$

ありますから，左から2番目に男子が並ぶ並び方は全部で

$$2×6＝\mathbf{12}（通り）$$

**2** 運転席に座る人（↑特別な位置）の決め方は，2人の並び方と同じですから

$$2×1＝2（通り）$$

残りの席に座る人の決め方は，6人の並び方と同じですから

$$6×5×4×3×2×1＝720（通り）$$

したがって，8人の座り方は全部で

$$2×720＝\mathbf{1440}（通り）$$

**3** 男子と女子それぞれの並び方は

$$2×1＝2（通り）$$

ずつあります。

また，男女の並び方は

男 女 男 女 と 女 男 女 男

の2通りが考えられますから，男女交互に並ぶ並び方は全部で

$$2×2×2＝\mathbf{8}（通り）$$

**4** AとBとCをひとまとまりと考えて，ABC，D，Eの並べ方を計算すると（3人の並び方と等しくなりますから）

$$3×2×1＝6（通り）$$

また，このそれぞれに対して，AとBとCの3人の並び方は

$$3×2×1＝6（通り）$$

ずつあります。

したがって，AとBとCが必ずとなり合うように並ぶ並び方は全部で

$$6×6＝\mathbf{36}（通り）$$

**5** 同じ数字があるので（1が3枚），樹形図をかいて調べます。

右の図より，3枚のカードの選び方は全部で

$$7＋1＝\mathbf{8}（通り）$$

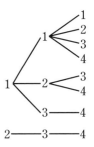

**6** 同じペンがあるので（青いペンが3本），樹形図をかいて調べます。

赤いペン→1，青いペン→2，黒いペン→3のように，ペンの種類を数におきかえて，数の小さい順に調べていきます。

右上の図より，3本の選び方は全部で

$$2＋2＝\mathbf{4}（通り）$$

（別解）　5本から3本の選び方の数は，5本から残り2本の選び方の数と同じですから，右の図より，3本の選び方（＝残り2本の選び方）は全部で

$$2＋2＝\mathbf{4}（通り）$$

7 　8 人から 2 人の選び方は

↓8人から2人を選んで並べる方法の数

$$\frac{8 \times 7}{2 \times 1} = 28 (通り)$$

↑2人を並べる方法の数

8 　10 人から 3 人の選び方は

↓10人から3人を選んで並べる方法の数

$$\frac{10 \times 9 \times 8}{3 \times 2 \times 1} = 120 (通り)$$

↑3人を並べる方法の数

9 　委員長の選び方は，8 人から 1 人を選ぶので 8 通り。

副委員長の選び方は，残り 7 人から 2 人を選ぶので

$$\frac{7 \times 6}{2 \times 1} = 21 (通り)$$

したがって，委員長 1 人と，副委員長 2 人の選び方は全部で

$$8 \times 21 = 168 (通り)$$

10 　部員 8 人のうち，部長と同じ組に入る 3 人を選ぶと，残り 5 人の組も決まります。

8 人から 3 人の選び方は

$$\frac{8 \times 7 \times 6}{3 \times 2 \times 1} = 56 (通り)$$

11 　男子 3 人から 2 人の選び方の数は，残り 1 人の選び方の数と同じ ですから，3 通り。

女子 5 人から 4 人の選び方の数は，残り 1 人の選び方の数と同じ ですから，5 通り。

したがって，男子 2 人，女子 4 人の選び方は全部で

$$3 \times 5 = 15 (通り)$$

12 　人数の分かれ方によって，場合分けして考えます。

甲と乙の部屋にとまる人数の分かれ方は，甲に 3 人，乙に 3 人か甲に 2 人，乙に 4 人かのどちらかです。

・甲に 3 人，乙に 3 人とまる場合

6 人のうち，甲にとまる 3 人を選ぶと，残り 3 人は乙にとまることになります。

6 人から 3 人の選び方は

$$\frac{6 \times 5 \times 4}{3 \times 2 \times 1} = 20 (通り)$$

・甲に 2 人，乙に 4 人とまる場合

6 人のうち，甲にとまる 2 人を選ぶと，残り 4 人は乙にとまることになります。

6 人から 2 人の選び方は

$$\frac{6 \times 5}{2 \times 1} = 15 (通り)$$

したがって，とまる方法は全部で

$$20 + 15 = 35 (通り)$$

**練習問題 9-❶ の答え**　問題➡本冊37ページ

**1** 52個　　**2** 25個

### 解き方

**1** 8個の点から3個の選び方は

$$\frac{8\times7\times6}{3\times2\times1}=56(通り)$$

このうち，一直線上にある3点を選んだ場合(AとBとC，CとDとE，EとFとG，GとHとA)は，三角形ができないので，できる三角形の個数は全部で

$$56-4=\mathbf{52}(個)$$

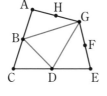

**2** 7個の点から3個の選び方は

$$\frac{7\times6\times5}{3\times2\times1}=35(通り)$$

このうち，直線イ上の3個の点を選んだ場合は，三角形ができません。

直線イ上の5個の点から3個の点の選び方の数は，残り2個の点の選び方の数と同じですから

$$\frac{5\times4}{2\times1}=10(通り)$$

したがって，できる三角形の個数は全部で

$$35-10=\mathbf{25}(個)$$

**練習問題 9-❷ の答え**　問題➡本冊39ページ

**1** 15個　　**2** 30個

### 解き方

**1** 右の図のように，4本の直線AP，AQ，AR，ASを引いたとします。このときできる三角形の3つの頂点のうち，1つはAで，残り2つはB，P，Q，R，S，Cの6つの点から選ぶことになります。

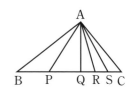

よって，できる三角形の個数は，6つの点から2つの点の選び方の数と同じですから

$$\frac{6\times5}{2\times1}=\mathbf{15}(個)$$

**2** 右の図1のように，それぞれの直線にア〜クの記号をつけて考えます。

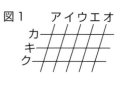

ア，イ，ウ，エ，オの5本から2本選び，カ，キ，クの3本から2本を選ぶと，平行四辺形が1個決まります。

例えば，ア，イ，ウ，エ，オの5本からイとオの2本を選び，カ，キ，クの3本からカとキを選ぶと，右の図2のような平行四辺形ができます。ア，イ，ウ，エ，オの5本から2本の選び方は

$$\frac{5\times4}{2\times1}=10(通り)$$

このそれぞれに対して，カ，キ，クの3本から2本の選び方(＝残り1本の選び方)は3通りずつありますから，できる平行四辺形の個数は

$$10\times3=\mathbf{30}(個)$$

練習問題 **10-❶** の答え　　問題➡本冊41ページ

**1** 14 通り　　**2** 11 通り

### 解き方

**1** 各交差点までの道順の数
を書きこんでいくと，右の
図のようになります。Bに
は 14 と書かれていますか
ら，AからBまで遠回り
しないで行く道順は全部で
**14 通り**です。

**2** 各交差点までの道順の数
を書きこんでいくと，右の
図のようになります。Bに
は 11 と書かれていますか
ら，AからBまで遠回り
しないで行く方法は全部で
**11 通り**です。

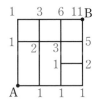

練習問題 **10-❷** の答え　　問題➡本冊43ページ

**1** 60 通り　　**2** 17 通り

### 解き方

**1** A→CとC→Bに分
けて，各交差点に道順
の数を書きこんでいくと，
右の図のようになります。
Cには 10 と書かれていますか
ら，A→Cは 10 通り。
Bには 6 と書かれていますか
ら，C→Bは 6 通り。
したがって，C地点を通る道順は全部で
　　$10×6＝$**60（通り）**

**2** 通れない道を消した図に
かきかえて，各交差点に道
順の数を書きこんでいく
と，右の図のようになりま
す。学校の場所には 17 と
書かれていますから，家か
ら学校までの道順は **17 通り**です。

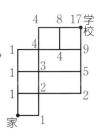

練習問題 **11-❶** の答え　問題➡本冊45ページ

① **6通り**　② **15通り**

### 解き方

① 和が10以上になる2つのさいころの目の数の組合せは

(4, 6), (5, 5), (5, 6), (6, 6)

の4組が考えられます。

このそれぞれの組において, 大小のさいころのどちらがどの目になるか(＝並べ方)を考えます。

(4, 6)→2×1＝2(通り)

(5, 5)→1通り

(5, 6)→2×1＝2(通り)

(6, 6)→1通り

したがって, 目の数の和が10以上になる場合は全部で

2＋1＋2＋1＝**6(通り)**

② 和が7になる3つのさいころの目の数の組合せは

(1, 1, 5), (1, 2, 4), (1, 3, 3), (2, 2, 3)

の4組が考えられます。

このそれぞれの組において, 大, 中, 小のさいころのどれがどの目になるか(＝並べ方)を考えます。

(1, 1, 5)→3通り

(1, 2, 4)→3×2×1＝6(通り)

(1, 3, 3)→3通り

(2, 2, 3)→3通り

したがって, 目の数の和が7になる場合は全部で

3＋6＋3＋3＝**15(通り)**

練習問題 **11-❷** の答え　問題➡本冊47ページ

① **6通り**　② **21通り**

### 解き方

① 1人1個はもらうので, 最初に1人1個ずつ配っておいて, 残りの(5−3＝)2個を3人に分ける方法を考えます。

りんご2個を3つの皿に分けるときの個数の組合せは

(0, 0, 2), (0, 1, 1)

の2組が考えられます。

このそれぞれの組において, A, B, Cのだれがどの皿を取るか(＝並べ方)を考えます。

(0, 0, 2)→3通り

(0, 1, 1)→3通り

したがって, りんご5個の分け方は全部で

3＋3＝**6(通り)**

② りんご5個を3つの皿に分けるときの個数の組合せは

(0, 0, 5), (0, 1, 4), (0, 2, 3),
(1, 1, 3), (1, 2, 2)

の5組が考えられます。

このそれぞれの組において, A, B, Cのだれがどの皿を取るか(＝並べ方)を考えます。

(0, 0, 5)→3通り

(0, 1, 4)→3×2×1＝6(通り)

(0, 2, 3)→3×2×1＝6(通り)

(1, 1, 3)→3通り

(1, 2, 2)→3通り

したがって, りんご5個の分け方は全部で

3×3＋6×2＝**21(通り)**

| | | |
|---|---|---|
| **1** 54個 | **2** 110個 | **3** 66個 |
| **4** 15通り | **5** 22通り | **6** 10通り |
| **7** (1) 30通り | (2) 15通り | (3) 15通り |
| **8** 19通り | **9** 27通り | **10** 206通り |
| **11** 15通り | **12** 28通り | |

### 解き方

**1** 8個の点から3個の選 （例）
び方は

$$\frac{8 \times 7 \times 6}{3 \times 2 \times 1} = 56 (通り)$$

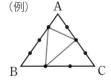

このうち，三角形ができな
いのは同じ辺から3個の点を選んだ場合で，
AB上の3点，AC上の3点を選んだ場合の2
通りがありますから，できる三角形の個数は全
部で

$$56 - 2 = \mathbf{54} (個)$$

**2** 10個の点から3個 （例）
の選び方は

$$\frac{10 \times 9 \times 8}{3 \times 2 \times 1} = 120 (通り)$$

このうち，三角形ができないのは同じ辺から3
個の点を選んだ場合です。AB上，DC上の
3個の点の選び方はそれぞれ1通りずつ，AD
上，BC上の3個の点の選び方は，4個の点か
ら3個の選び方（＝残り1個の選び方）になり
ますから，それぞれ4通りずつになります。
したがって，できる三角形の個数は全部で

$$120 - (1 \times 2 + 4 \times 2) = \mathbf{110} (個)$$

**3** 12本の直線を引いたときにできる交点の個
数は，12本の直線から2本の直線の選び方の
数と同じですから

$$\frac{12 \times 11}{2 \times 1} = \mathbf{66} (個)$$

**4** 右の図のように，6つ （例）
の頂点のうち4つの点
を選ぶと，2本の対角
線が交わるような線の引
き方が1通りに決まり
ます。

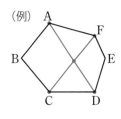

6つの点から4つの点の選び方（＝残り2つの
点の選び方）は

$$\frac{6 \times 5}{2 \times 1} = \mathbf{15} (通り)$$

**5** 各交差点までの道順
の数を書きこんでいく
と，右の図のようにな
ります。Bには22と
書かれていますか

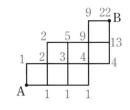

ら，AからBまで遠回りしないで行く道順は
全部で**22通り**です。

**6** 最短きょりで行きま
すから，右下に進む線
（右の図の点線）は通れ
ないことに注意し

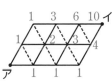

て，各交差点までの道順の数を書きこんでいき
ます。イには10と書かれていますから，アか
らイまで最短きょりで行く方法は全部で**10通
り**です。

**7** (1) 各交差点までの道
順の数を書きこんでい
くと，右の図1のよう
になります。Bには30
と書かれていますから，
AからBまで遠回りし
ないで行く道順は全部
で**30通り**です。

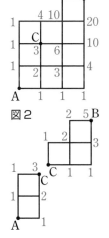

(2) A→CとC→Bに分
けて，各交差点に道順
の数を書きこんでいく

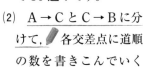

と，前ページの図2のようになります。

Cには3と書かれていますから，A→Cは3通り。

Bには5と書かれていますから，C→Bは5通り。

したがって，C地を通って行く道順は全部で

3×5=**15**（通り）

(3) 下線 (1)で求めた A→B の道順の数から(2)で求めた A→C→B の道順の数をひくと求められます。 ✏ よって，C地を通らないで行く道順は全部で

30−15=**15**（通り）

（別解） C地を通る道を消した図にかきかえて，各交差点に道順の数を書きこんでいくと，下の図3のようになります。

図3

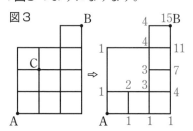

Bには15と書かれていますから，C地を通らないで行く道順は全部で**15通り**です。

**8** 通れない道を消した図にかきかえて，各交差点に道順の数を書きこんでいくと，右の図のようになります。Bには19と書かれていますから，AからBまで行く道順は全部で**19通り**です。

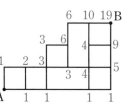

**9** さいころの目の数は6までしかないことに注意して考えます。✏

異なる3つのさいころをそれぞれA，B，Cとすると，和が10になる3つのさいころの目の数の組合せは

　　(1, 3, 6), (1, 4, 5), (2, 2, 6),

　　(2, 3, 5), (2, 4, 4), (3, 3, 4)

の6組が考えられます。

このそれぞれの組において，A，B，Cのさいころのどれがどの目になるか(＝並べ方)を考えます。✏

　　(1, 3, 6) → 3×2×1=6(通り)
　　(1, 4, 5) → 3×2×1=6(通り)
　　(2, 2, 6) → 3通り
　　(2, 3, 5) → 3×2×1=6(通り)
　　(2, 4, 4) → 3通り
　　(3, 3, 4) → 3通り

したがって，目の数の和が10になる場合は全部で

6×3+3×3=**27**（通り）

**10** 3つのさいころの目の数の和は最大で，6×3＝18ですから，和が15以下になる場合よりも，和が16以上になる場合の方が少なくなります。よって，3つのさいころを同時に投げたときのすべての目の出方の数から，目の数の和が16以上になる場合の数をひいて求めます。✏ 大，中，小3つのさいころを同時に投げたときのすべての目の出方の数は

6×6×6=216(通り)

和が16以上になる3つのさいころの目の数の組合せは

　　(4, 6, 6), (5, 5, 6),
　　(5, 6, 6), (6, 6, 6)

の4組が考えられます。

このそれぞれの組において，大，中，小のさいころのどれがどの目になるか(＝並べ方)を考えます。✏

　　(4, 6, 6) → 3通り
　　(5, 5, 6) → 3通り
　　(5, 6, 6) → 3通り
　　(6, 6, 6) → 1通り

したがって，目の数の和が16以上になる場合は全部で

3×3+1=10(通り)

になりますから，目の数の和が15以下になる場合は全部で

216−10=**206**（通り）

11 少なくとも1人2個はもらうので，最初に1人2個ずつ配っておいて，残りの$(10-2\times3=)4$個を3人に分ける方法を考えます。🖉

みかん4個を3つの皿に分けるときの個数の組合せは

$$(0,\ 0,\ 4),\ (0,\ 1,\ 3),$$
$$(0,\ 2,\ 2),\ (1,\ 1,\ 2)$$

の4組が考えられます。

このそれぞれの組において，A，B，Cのだれがどの皿を取るか（＝並べ方）を考えます。🖉

$(0,\ 0,\ 4)\rightarrow 3$通り

$(0,\ 1,\ 3)\rightarrow 3\times2\times1=6$（通り）

$(0,\ 2,\ 2)\rightarrow 3$通り

$(1,\ 1,\ 2)\rightarrow 3$通り

したがって，みかん10個の分け方は全部で

$$3\times3+6=\mathbf{15}（通り）$$

12 果物6個を3種類に分けるときの個数の組合せは

$$(0,\ 0,\ 6),\ (0,\ 1,\ 5),\ (0,\ 2,\ 4),$$
$$(0,\ 3,\ 3),\ (1,\ 1,\ 4),\ (1,\ 2,\ 3),$$
$$(2,\ 2,\ 2)$$

の7組が考えられます。

このそれぞれの組において，バナナ，イチゴ，メロンのどれがどの個数になるか（＝並べ方）を考えます。🖉

$(0,\ 0,\ 6)\rightarrow 3$通り

$(0,\ 1,\ 5)\rightarrow 3\times2\times1=6$（通り）

$(0,\ 2,\ 4)\rightarrow 3\times2\times1=6$（通り）

$(0,\ 3,\ 3)\rightarrow 3$通り

$(1,\ 1,\ 4)\rightarrow 3$通り

$(1,\ 2,\ 3)\rightarrow 3\times2\times1=6$（通り）

$(2,\ 2,\ 2)\rightarrow 1$通り

したがって，3種類の果物から6個の選び方は

$$3\times3+6\times3+1=\mathbf{28}（通り）$$

① 81　　② 80通り　　③ 36個

④ 31通り　　⑤ 720

⑥ (1) 720通り　(2) 48通り　(3) 480通り

⑦ 225　　⑧ 30　　⑨ (1) 8個　(2) 30個

⑩ ① 20　② 63　　⑪ 25　　⑫ 15通り

**解き方**

① 行きの方法は，京都から大阪まで3通り，大阪から神戸まで3通りの路線がありますから
$$3×3＝9（通り）$$
行きの方法のそれぞれに対して，帰りの方法も9通りずつありますから，往復の方法は全部で
$$9×9＝81（通り）$$

② ア，イ，ウの順に色をぬっていくと考えると，アには赤，青，黄，緑，白の5通り，イにはアにぬった色以外の4通り，ウにはイにぬった色以外の4通りのぬり方がありますから，ぬり分ける方法は全部で
$$5×4×4＝80（通り）$$

③ 5の倍数になるのは，一の位が0か5になるときですから，一の位が0の場合と一の位が5の場合に分けて考えます。

・一の位が0の場合

百の位には1，2，3，4，5の5通り，十の位には一の位で使った0と百の位で使った数字以外の4通りの決め方がありますから
$$5×4＝20（通り）$$

・一の位が5の場合

百の位には1，2，3，4の4通り（0は使えません），十の位には一の位の5と百の位で使った数字以外の4通りの決め方がありますから　4×4＝16（通り）

したがって，5の倍数は全部で
$$20＋16＝36（個）$$

④ 百の位が1のとき，十の位には0，2，3，4の4通り，一の位には百の位の1と十の位で使った数字以外の3通りの決め方がありますから，百の位が1になる3けたの整数は
$$4×3＝12（通り）$$

| | |
|---|---|
| 1 □ □ → | 12通り |
| 2 □ □ → | 12通り |
| 3 0 □ → | 3通り |
| 3 1 □ → | 3通り |
| 3 2 0 → | 1通り |

同じように考えると，百の位が2になる3けたの整数も12通りです。

百の位が3で十の位が0のとき，
一の位には1，2，4の3通り。

百の位が3で十の位が1のとき，
一の位には0，2，4の3通り。

百の位が3で十の位が2のとき，
一の位には0の1通り。

したがって，321より小さい整数は全部で
$$12＋12＋3＋3＋1＝31（通り）$$

⑤ 「1番前→1番後ろ→残り5人」の順に並
↑特別な位置
び方を決めていきます。

1番前はA，B，Cの3通り，1番後ろは1番前に並んだ6年生以外の6年生の（3−1＝）2通り，残り5人（6年生1人と1年生4人）の並び方は5×4×3×2×1＝120（通り）ありますから，7人の並び方は全部で
$$3×2×120＝720（通り）$$

⑥ (1)　6×5×4×3×2×1＝**720（通り）**

(2)　1番目と6番目（男子2人が走る順番）の
↑特別な位置
決め方は
$$2×1＝2（通り）$$
2番目から5番目（女子4人が走る順番）の決め方は
$$4×3×2×1＝24（通り）$$
したがって，この場合の走る順番は全部で
$$2×24＝48（通り）$$

(3) (1)で求めた場合の数から，男子が続けて走る場合の数をひいて求めます。

男子2人をまとめて1人と考える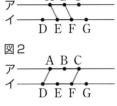と，女子とあわせた5人の走る順番の決め方は

$$5 \times 4 \times 3 \times 2 \times 1 = 120（通り）$$

また，このそれぞれに対して，男子2人の走る順番の決め方は

$$2 \times 1 = 2（通り）$$

ずつあります。

したがって，男子が続けて走る場合の走る順番は全部で

$$120 \times 2 = 240（通り）$$

ありますから，男子が続けて走らない場合の走る順番は全部で

$$720 - 240 = \mathbf{480}（\mathbf{通り}）$$

⑦ 男子5人から委員長1人を選ぶ選び方は5通り。

女子3人から副委員長1人を選ぶ選び方は3通り。

残りの男女6人から道具係2人の選び方は

↓6人から2人を選んで並べる方法の数

$$\frac{6 \times 5}{2 \times 1} = 15（通り）$$

↑2人を並べる方法の数

したがって，委員長，副委員長，道具係の選び方は全部で

$$5 \times 3 \times 15 = \mathbf{225}（\mathbf{通り}）$$

⑧ 行きで休むベンチの選び方は，5か所のベンチから2か所のベンチを選びますから

↓5か所から2か所を選んで並べる方法の数

$$\frac{5 \times 4}{2 \times 1} = 10（通り）$$

↑2か所を並べる方法の数

帰りは行きで使ったベンチ以外の3か所のベンチから2か所を選んで休みます。3か所から2か所の選び方は，残り1か所の選び方と同じ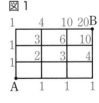ですから，帰りで休むベンチの選び方は3通り。

したがって，行き帰りのベンチの選び方は全部で

$$10 \times 3 = \mathbf{30}（\mathbf{通り}）$$

⑨ (1) 直線ア上の3点をA, B, C，直線イ上の4点をD, E, F, Gとします。

図1

```
ア    A B C
イ
   D E F G
```

図2

```
ア    A B C
イ
   D E F G
```

まず図1のような底辺が1cmの平行四辺形の個数を考えます。上の辺の選び方がAB, BCの2通りに対して，下の辺の選び方はDE, EF, FGの3通りずつありますから，底辺が1cmの平行四辺形の個数は

$$2 \times 3 = 6（個）$$

次に，図2のような底辺が2cmの平行四辺形の個数を考えます。上の辺がACの1通りに対して，下の辺の選び方はDF, EGの2通りですから，底辺が2cmの平行四辺形の個数は2個。

したがって，できる平行四辺形は全部で

$$6 + 2 = \mathbf{8}（\mathbf{個}）$$

(2) 7個の点から3個の点を選ぶ選び方は

$$\frac{7 \times 6 \times 5}{3 \times 2 \times 1} = 35（通り）$$

このうち，直線ア上の3個の点を選んだ1通りと，直線イ上の3個の点を選んだ（＝残り1個を選んだ）4通りの場合は三角形ができません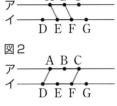から，できる三角形の個数は全部で

$$35 - (1 + 4) = \mathbf{30}（\mathbf{個}）$$

⑩ ① 各交差点までの道順の数を書きこんでいくと，右の図1のようになります。Bには20と書かれていますから，進む方向を右か上だけにする進み方は全部で**20**通りです。

図1

| A | 1 | 1 | 1 | |
|---|---|---|---|---|
| 1 | 2 | 3 | 4 | |
| 1 | 3 | 6 | 10 | |
| 1 | 4 | 10 | 20 | B |

② 各交差点までの道
順の数を書きこんで
いくと，右の図2の
ようになります。B
には63と書かれて
いますから，進む方

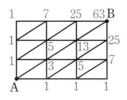

図2

向を右か上かななめ右上だけにする進み方は
全部で**63**通りです。

⑪ 和が9になる3つのさいころの目の数の組合
せは

$$(1,\ 2,\ 6),\ (1,\ 3,\ 5),\ (1,\ 4,\ 4),$$
$$(2,\ 2,\ 5),\ (2,\ 3,\ 4),\ (3,\ 3,\ 3)$$

の6組が考えられます。

このそれぞれの組において，大，中，小のさい
ころのどれがどの目になるか（＝並べ方）を考え
ます。🖊

$$(1,\ 2,\ 6) \rightarrow 3 \times 2 \times 1 = 6（通り）$$
$$(1,\ 3,\ 5) \rightarrow 3 \times 2 \times 1 = 6（通り）$$
$$(1,\ 4,\ 4) \rightarrow 3 通り$$
$$(2,\ 2,\ 5) \rightarrow 3 通り$$
$$(2,\ 3,\ 4) \rightarrow 3 \times 2 \times 1 = 6（通り）$$
$$(3,\ 3,\ 3) \rightarrow 1 通り$$

したがって，目の数の合計が9になる場合は
全部で

$$6 \times 3 + 3 \times 2 + 1 = \mathbf{25}（通り）$$

⑫ 白玉4個を3人で分けるときの個数の組合せ
は

$$(0,\ 0,\ 4),\ (0,\ 1,\ 3),$$
$$(0,\ 2,\ 2),\ (1,\ 1,\ 2)$$

の4組が考えられます。

このそれぞれの組において，A，B，Cのだれ
がどの個数をとるか（＝並べ方）を考えます。🖊

$$(0,\ 0,\ 4) \rightarrow 3 通り$$
$$(0,\ 1,\ 3) \rightarrow 3 \times 2 \times 1 = 6（通り）$$
$$(0,\ 2,\ 2) \rightarrow 3 通り$$
$$(1,\ 1,\ 2) \rightarrow 3 通り$$

したがって，白玉4個の分け方は全部で

$$3 \times 3 + 6 = \mathbf{15}（通り）$$

①(1) 24 通り　(2) 12 通り

②① 48　② 30

③ 32　　④(1) 12 通り　(2) 16 通り

⑤(1) 720 通り　(2) 144 通り　(3) 72 通り

⑥ 12 通り　　⑦ 15 通り

⑧(1) 10 通り　(2) 4 通り

⑨ 48 通り　　⑩ 36 個

⑪ 219 通り　　⑫ 36

**解き方**

①(1) ア, イ, ウ, エの
順に色をぬっていくと
考えると, アには 4
通り, イにはアにぬった色以外の 3 通り, ウ
にはア, イにぬった色以外の 2 通り, エには
ア, イ, ウにぬった色以外の 1 通り のぬ
り方がありますから, ぬり分け方は全部で
　　4×3×2×1＝**24**(通り)

(2) ア, イ, ウ, エの 4 か所を赤, 青, 黄の 3
色でぬり分けるには「アとエ」または「イとエ」
を同じ色でぬる必要があります。アとエを同
じ色でぬる場合は, アとエには 3 通り, イに
はアとエにぬった色以外の 2 通り, ウにはア
とエ, イにぬった色以外の 1 通り のぬり
方がありますから　3×2×1＝6(通り)
イとエを同じ色でぬる場合も同じで 6 通り
ありますから, ぬり分け方は全部で
　　6＋6＝**12**(通り)

②① 百の位には 1, 2, 3, 4 の 4 通り, 十の
位には百の位で使った数字以外の 4 通り, 一
の位には百の位, 十の位で使った数字以外の 3
通り の決め方がありますから, 3 けたの整数
は全部で
　　4×4×3＝**48**(個)

② 一の位が 0 の場合, 2 の場合, 4 の場合に
分けて考えます。

・一の位が 0 の場合
百の位には 1, 2, 3, 4 の 4 通り, 十の位に
は 0 と百の位で使った数字以外の 3 通り
の決め方がありますから
　　4×3＝12(個)

・一の位が 2 の場合
百の位には 1, 3, 4 の 3 通り (0 は使えませ
ん), 十の位には 2 と百の位に使った数字以
外の 3 通り の決め方がありますから
　　3×3＝9(個)

・一の位が 4 の場合
一の位が 2 の場合と同じで 9 個です。
したがって, 偶数は全部で
　　12＋9＋9＝**30**(個)

③ 一万の位が 4,
千の位が 3, 百の
位が 5 のとき, 十
の位は 1 か 2 の 2

| 4 3 5 □ □ → 2個 |
| 4 5 □ □ □ → 6個 |
| 5 □ □ □ □ → 24個 |

通り, 一の位は残りの 1 通りの決め方があり
ますから
　　2×1＝2(個)
一万の位が 4, 千の位が 5 のとき, 百の位は 1,
2, 3 の 3 通り, 十の位は残りの 2 通り, 一の
位にはさらに残りの 1 通りの決め方があります
から
　　3×2×1＝6(個)
一万の位が 5 のとき, 同じように考えると, 千
の位には 4 通り, 百の位には 3 通り, 十の位
には 2 通り, 一の位には 1 通りの決め方があ
りますから
　　4×3×2×1＝24(個)
したがって, 43500 より大きい整数は全部で
　　2＋6＋24＝**32**(個)

④ (1) 運転席  には父か母

⬆ 特別な位置

の2通り，B，C，Eの席の
座り方は3人の並び方と
同じですから

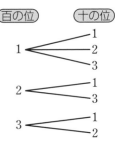

$$3×2×1=6（通り）$$

よって，4人の座り方は全部で

$$2×6=\mathbf{12}（通り）$$

(2) 妹と友だちは「EとD」または「DとC」の
席に座ることになります。

妹と友だちが「EとD」の席に座る場合，「妹
がE，友だちがD」と「友だちがE，妹がD」
の2通りの座り方があります。

このそれぞれに対して，運転席には父か母の
2通り，B，Cの席には2通りずつの座り方
がありますから

$$2×2×2=8（通り）$$

妹と友だちが「DとC」の席に座る場合も同じ
で8通りの座り方がありますから，5人の座
り方は全部で

$$8+8=\mathbf{16}（通り）$$

⑤ (1) $6×5×4×3×2×1=\mathbf{720}（通り）$

(2) 女子3人をまとめて1人と考える  と，
男子とあわせた4人の並び方は

$$4×3×2×1=24（通り）$$

また，このそれぞれに対して，女子3人の並
び方は

$$3×2×1=6（通り）$$

ずつあります。

したがって，女子3人が続いて並ぶ並び方は

$$24×6=\mathbf{144}（通り）$$

(3) 男子と女子のそれぞれの並び方は

$$3×2×1=6（通り）$$

ずつあります。

また，男女の並び方は

男 女 男 女 男 女 と 女 男 女 男 女 男

の2通りが考えられますから，男女交互に並
ぶ並び方は全部で

$$6×6×2=\mathbf{72}（通り）$$

⑥ 一の位が0の場合と2の場合に分けて考えま
す。

・一の位が0の場合　百の位　十の位

残りの1，1，2，3
の中から百の位，十
の位を決めていきま
すが同じ数字がある
（1が2個）ので，樹
形図をかいて数えま
す。

右上の図より，7通りです。

・一の位が2の場合　百の位　十の位

残りの0，1，1，3
の中から百の位，十
の位を決めていきま
すが同じ数字がある
（1が2個）ので，樹
形図をかいて数えま
す。

右上の図より，5通りです。

したがって，偶数は全部で　$7+5=\mathbf{12}（通り）$

⑦ 同じ果物があるので（みかんが3個，りんご
が3個，かきが2個），樹形図をかいて調べま
す。

果物の個数の多い順に

「みかん→1，りんご→2，かき→3，メロン
→4」のように，果物の名前を数におきかえて，
数の小さい順に調べていきます。

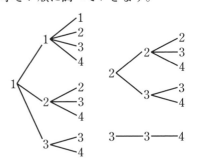

以上より，果物3個の取り出し方は全部で

$$9+5+1=\mathbf{15}（通り）$$

14
日目

入試問題にチャレンジ②

⑧ (1) 5人のうちだれが2人のグループになる
かを決めると，残り3人のグループも決まり
ます。

5人から2人の選び方は

↓5人から2人を選んで並べる方法の数

$\dfrac{5\times4}{2\times1}=10$（通り）

↑2人を並べる方法の数

(2) ・AとDが2人のグループに入る場合は1
通り

・AとDが3人のグループに入る場合は，残
り1人の選び方は

BかCかEの3通り

したがって，AとDが同じグループになる
分け方は全部で

$1+3=4$（通り）

⑨ 男子6人から5人の選び方の数は，残り1
人の選び方の数と同じ  ですから，6通り。

女子8人から7人の選び方の数は，残り1人
の選び方の数と同じ  ですから，8通り。

したがって，男子5人，女子7人の選び方は
全部で

$6\times8=48$（通り）

⑩ 平行四辺形の左右
の2辺の選び方は，
ア，イ，ウ，エの4本
の直線から2本を選
ぶので

$\dfrac{4\times3}{2\times1}=6$（通り）

平行四辺形の上下の2辺の選び方は，オ，カ，
キ，クの4本の直線から2本を選ぶので，こ
れも6通りです。

したがって，できる平行四辺形の個数は

$6\times6=36$（個）

⑪ CとDを通る道を消した図にかきかえて，
各交差点に道順の数を書きこんでいく 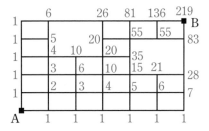 と下
の図のようになります。

Bには219と書かれていますから，AからB
まで，CとDを通らないで行く最短の道順は
全部で**219**通りです。

⑫ 3種類とも最低1個は買うので，残りの
$(10-3=)7$個の買い方を考えます。

おかし7個を3種類に分けるときの個数の組
合せは

$(0,\ 0,\ 7)$，$(0,\ 1,\ 6)$，$(0,\ 2,\ 5)$，

$(0,\ 3,\ 4)$，$(1,\ 1,\ 5)$，$(1,\ 2,\ 4)$，

$(1,\ 3,\ 3)$，$(2,\ 2,\ 3)$

の8組が考えられます。

このそれぞれの組において，あめ，ガム，チョ
コレートのどれがどの個数になるか（＝並べ方）
を考えます。

$(0,\ 0,\ 7)\rightarrow3$通り

$(0,\ 1,\ 6)\rightarrow3\times2\times1=6$（通り）

$(0,\ 2,\ 5)\rightarrow3\times2\times1=6$（通り）

$(0,\ 3,\ 4)\rightarrow3\times2\times1=6$（通り）

$(1,\ 1,\ 5)\rightarrow3$通り

$(1,\ 2,\ 4)\rightarrow3\times2\times1=6$（通り）

$(1,\ 3,\ 3)\rightarrow3$通り

$(2,\ 2,\ 3)\rightarrow3$通り

したがって，3種類のおかしから10個を選ん
で買う方法は

$3\times4+6\times4=36$（通り）

③

(MEMO)

(MEMO)

(MEMO)

(MEMO)

(MEMO)